职业教育计算机类专业"互联网+"新形态教材

微信小程序开发

主　编　邹贵财　胡辉贤
副主编　谢世森　张治平　孙　凯　曾国彬
参　编　谢翠萍　罗燕珊　朱辉强　张维辉

机械工业出版社

本书介绍了小程序的开发语言、框架、能力、调试等内容，可帮助读者快速、全面了解小程序开发的技能细节，达到从入门到熟练应用的学习效果。本书以微信小程序开发的入门基础为主要学习内容，选取了图文显示、布局基础、界面设计、JavaScript 基础、组件基础应用、数据库操作等方面的 60 多个案例，把技能知识的应用渗透于案例设计过程中，并介绍了许多微信小程序前端开发的技能技巧。本书共 7 个项目，主要内容包括项目 1　Hello World、项目 2　布局入门、项目 3　界面设计、项目 4　JavaScript 基础入门、项目 5　组件入门、项目 6　趣味应用、项目 7　数据库操作。

本书可作为各类职业院校计算机类专业的教材，也适合作为对微信小程序开发感兴趣读者的参考书。

本书配有电子课件、源代码，选用本书作为授课教材的教师可登录机械工业出版社教育服务网（www.cmpedu.com），注册账号后免费下载，或联系编辑（010-88379194）咨询。

图书在版编目（CIP）数据

微信小程序开发 / 邹贵财，胡辉贤主编. -- 北京：机械工业出版社，2025.3. --（职业教育计算机类专业"互联网+"新形态教材）. -- ISBN 978-7-111-77562-1

Ⅰ. TN929.53

中国国家版本馆 CIP 数据核字第 2025ND1073 号

机械工业出版社（北京市百万庄大街 22 号　邮政编码 100037）
策划编辑：李绍坤　　　　　　　责任编辑：李绍坤　张翠翠
责任校对：张爱妮　李小宝　　　封面设计：马精明
责任印制：邓　博
北京盛通数码印刷有限公司印刷
2025 年 5 月第 1 版第 1 次印刷
184mm×260mm • 15.25 印张 • 334 千字
标准书号：ISBN 978-7-111-77562-1
定价：49.00 元

电话服务　　　　　　　　　网络服务
客服电话：010-88361066　　机　工　官　网：www.cmpbook.com
　　　　　010-88379833　　机　工　官　博：weibo.com/cmp1952
　　　　　010-68326294　　金　书　网：www.golden-book.com
封底无防伪标均为盗版　机工教育服务网：www.cmpedu.com

前 言

微信小程序提供了一个简单、高效的应用开发框架和丰富的组件，可帮助开发者高效率地实现许多常见的小程序功能。自微信小程序上线以来，广大程序员和用户对微信小程序的开发与应用充满期待，小程序开发技术也吸引了许多专业学习者的关注，微信小程序开发的众多技能知识也在网络上传播开来。微信小程序开发官网也发布了开发帮助文档，但要系统地从零基础学习微信小程序开发，仍需要一些整理有序的基础案例。本书收集了微信小程序开发的入门案例，可以帮助更多的初学者学习。

本书具有以下特点：

（1）循序渐进

本书在编写过程中，从 Hello World 案例入手，循序渐进地讲到布局、组件应用、数据库访问等，用一系列的基础案例丰富了开发的入门技能。案例的知识范围既基础又全面。

（2）入门与兴趣

在案例内容上，选用了许多以效果目标为导向的案例，注重讲解实现效果的技能。同时，结合知识入门的需要与学习兴趣的培养，本书希望达到让初学者轻松学习的效果，引导读者在学习中培养兴趣，在快乐中进步。在知识点的反复应用中，期望读者能积累一定的案例设计经验，掌握基本的开发技能。

本书的主要内容包括：

项目 1，从微信小程序的 Hello World 模板应用开始，讲解了小程序项目文件结构、样式设置、图片添加、底部导航、子页设置和页面间的跳转等技能。

项目 2，主要讲解布局技术，应用 WXSS 实现多个 view 组件的页面布局、标签样式更改，以及表格、图文、柱形图等。

项目 3，实现一系列常见界面效果，用 view、text、image 等组件和 WXSS 技术实现复杂界面效果的设计，并介绍了项目开发的实战技能，重视讲解达到所见效果的技巧。

项目 4，讲解 JavaScript 编程在小程序应用中的基础知识，从变量定义、变量绑定开始，讲解了多个任务应用事件绑定、函数定义、条件渲染 wx:if 和列表渲染 wx:for 等。

项目 5，讲解了小程序提供的一些特殊组件的应用，以及组件高效率实现页面逻辑功能的技巧。讲解的组件包括 scroll-view、swiper 滑块视图容器、movable-area 可移动区域、movable-view、checkbox 多选项目、progress 进度条、picker 滚动选择器等。另外，结合 this.setdata()、wx.showToast()、rgb() 等 JavaScript 函数，讲解了 JavaScript 的编程语句应用、事件调用等技能。

项目 6，讲解了多个小程序应用 JavaScript 编程实现的有趣任务效果，包括图片浏览、购物车、秒表及一些页面动画效果，重点介绍了 JavaScript 代码应用、调试程序等技巧。

项目 7，讲解了小程序前端如何获取后台的数据库数据记录，读者可掌握小程序前端设计时通过应用接口实现数据对接的页面效果的工作技能。

本书由邹贵财和胡辉贤担任主编，谢世森、张治平、孙凯和曾国彬担任副主编，参加编写的还有谢翠萍、罗燕珊、朱辉强和张维辉。其中，邹贵财编写项目 1、项目 2、项目 3、项目 4，并进行了全书的统稿工作，胡辉贤编写项目 5、项目 6，张治平编写项目 7，谢世森参与了项目 1、项目 2 的程序调试和素材准备，孙凯参与了项目 3、项目 4 的程序调试和素材准备，曾国彬参与了项目 5、项目 6 的程序调试和素材准备，谢翠萍、罗燕珊、朱辉强和张维辉参与了程序的试用和课堂试教，收集师生的课堂反馈意见及校稿工作。

由于编者水平有限，书中难免有疏漏和不妥之处，恳请读者批评指正。

编　者

目 录

前言

项目 1　Hello World 1
  任务 1　创建第一个 Hello World 2
  任务 2　设置头像的样式 5
  任务 3　添加图片 8
  任务 4　增加文本 13
  任务 5　添加子页面 17
  任务 6　tabBar 导航 21
  任务 7　跳转到子页面 26
  项目总结 29
  拓展练习 29

项目 2　布局入门 31
  任务 1　<view> 组件与 wxss 应用布局 ... 31
  任务 2　flex 布局实现水平布局 34
  任务 3　内容页面布局 36
  任务 4　靠页面右侧的布局 38
  任务 5　田字形的布局 40
  任务 6　倒福字的布局 42
  任务 7　柱形图的布局 44
  任务 8　拼图对接的布局 46
  任务 9　表格布局 48
  任务 10　图文样图布局 50
  项目总结 52
  拓展练习 52

项目 3　界面设计 57
  任务 1　"学校场室展示"设计 57
  任务 2　"我的订单"设计 60
  任务 3　"主播带货"设计 64

  任务 4　"常用工具"设计 68
  任务 5　"专业资讯"设计 71
  任务 6　"商品活动展示"设计 74
  任务 7　"自定义底部导航"设计 76
  任务 8　"课程简介"设计 79
  任务 9　"热卖推介"设计 82
  任务 10　"花卉欣赏"设计 86
  任务 11　"商品浏览"设计 91
  任务 12　"小店首页"设计 94
  项目总结 100
  拓展练习 100

项目 4　JavaScript 基础入门 105
  任务 1　改变 view 的背景色 105
  任务 2　改变字号 108
  任务 3　正方形变圆 109
  任务 4　左右移动 111
  任务 5　数字增大减小 113
  任务 6　长宽变化 115
  任务 7　石头剪刀布 117
  任务 8　wx:if 实现开灯及关灯效果 119
  任务 9　控制渐变色 121
  任务 10　日期的显示 123
  任务 11　用 wx:for 设计课程表 125
  任务 12　增删图片 128
  任务 13　if 语句应用于全选 129
  项目总结 132
  拓展练习 133

项目 5　组件入门 135

　　任务 1　实现横向滚动功能 135
　　任务 2　实现纵向滚动功能 137
　　任务 3　滑块容器 141
　　任务 4　进度条 143
　　任务 5　可移动小圆 145
　　任务 6　拖动验证 148
　　任务 7　checkbox 实现项目多选 150
　　任务 8　学历选择器 153
　　任务 9　省市区选择器 157
　　任务 10　滑动选择器 159
　　项目总结 161
　　拓展练习 161

项目 6　趣味应用 165

　　任务 1　图片浏览 165
　　任务 2　实现变量的控制 168
　　任务 3　两数运算 170
　　任务 4　购物车清单结算 173
　　任务 5　数组的应用 177

　　任务 6　倒计时 179
　　任务 7　秒表 182
　　任务 8　自定义的弹窗 184
　　任务 9　随机抽号 187
　　任务 10　抽奖盘 190
　　任务 11　放飞气球 193
　　项目总结 195
　　拓展练习 195

项目 7　数据库操作 199

　　任务 1　准备好数据库 199
　　任务 2　下载 ThinkPHP 框架，部署
　　　　　　后台系统 207
　　任务 3　读取数据库，返回 JSON 格式
　　　　　　数据 214
　　任务 4　在小程序中发送请求，与后台
　　　　　　系统交互 220
　　项目总结 225
　　拓展练习 226

参考文献 235

项目 1

Hello World

项目情景

微信小程序是一种不用下载就能使用的应用。微信小程序可以在微信内被便捷地获取和传播,同时具有出色的使用体验。在微信生态下,触手可及、用完即走的微信小程序引起广泛关注。

一个微信小程序的出现要经历以下几个过程:

1)注册。在微信公众平台注册小程序账号,完成注册后可以同步进行信息完善和开发。

2)小程序信息完善。填写小程序基本信息,包括名称、头像、介绍及服务范围等。

3)开发小程序。完成小程序开发者绑定、开发信息配置后,开发者可下载开发者工具、参考开发文档进行小程序的开发和调试。

4)提交审核和发布。完成小程序开发后,提交代码至微信小程序注册的平台等待审核,审核通过后即可发布。

本项目将从下载开发工具开始,一步一步地介绍开发的基本环境。

开展微信小程序开发,首先必须明确开发的工具是什么及从哪里下载。通过本项目的学习,掌握微信小程序开发工具的下载、安装,从完成第一个微信小程序 Hello World 的代码和功能开始,逐步了解和熟悉微信小程序开发的基本操作过程。

学习目标

使用微信小程序开发工具,新建、保存及导入微信小程序项目,并在此基础上,初步熟练掌握文本实现、图像显示、样式设置、页面标题设置、首页设置等。

任务 1　创建第一个 Hello World

任务描述

创建第一个 Hello World 微信小程序。
1）运行微信小程序开发工具。
2）登录微信小程序开发工具。
3）应用普通快速启动模板创建第一个小程序项目。

操作步骤

1 执行"微信开发者工具",如图 1-1 所示。

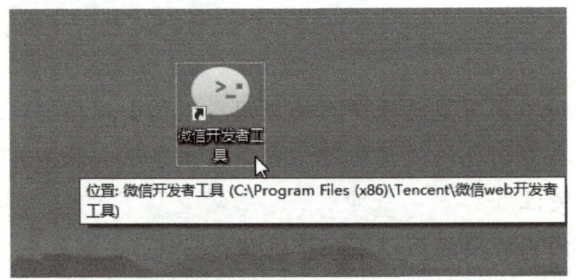

图 1-1　执行"微信开发者工具"

2 进入"微信开发者工具"界面,如图 1-2 所示。

图 1-2　进入"微信开发者工具"界面

项目 1　Hello World

3 执行"项目/新建项目"命令，如图 1-3 所示。
4 用微信"扫一扫"扫一下二维码进行登录，如图 1-4 所示。

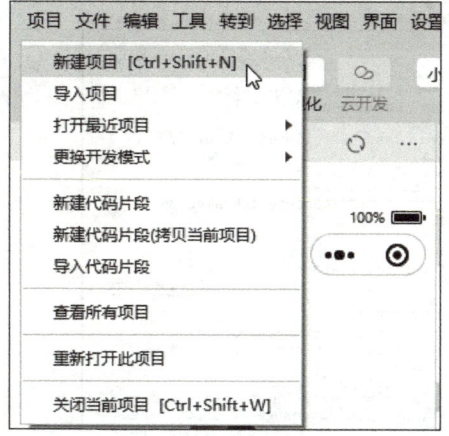

图 1-3　执行"项目/新建项目"命令　　　　图 1-4　扫一下二维码进行登录

5 单击"测试号"自动获取一个 AppID，如图 1-5 所示。

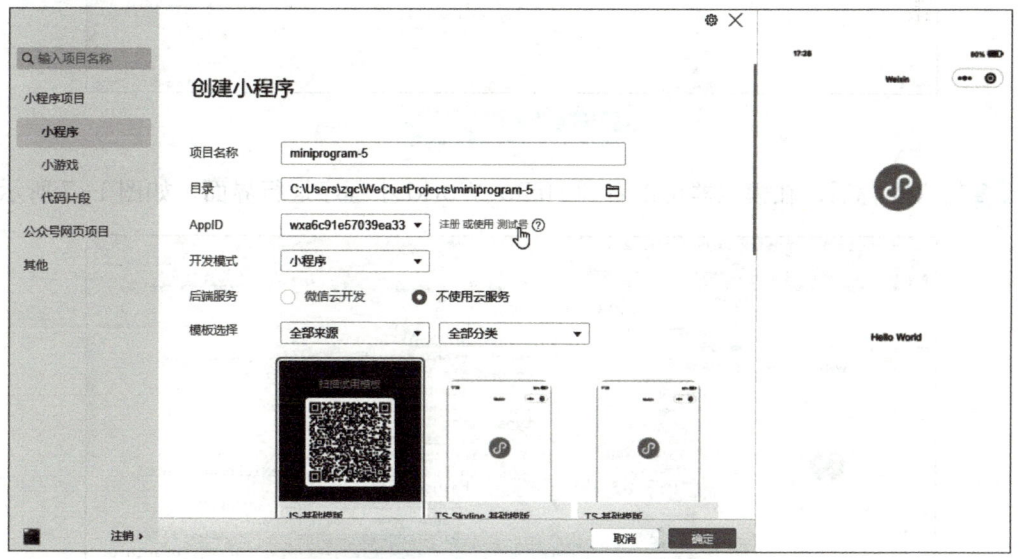

图 1-5　单击"测试号"

> **经验分享**
>
> ● 扫码登录。
>   　　运行微信开发者工具时，需要用手机进行微信扫码来登录开发者工具，才能进行微信小程序开发。
> ● 测试号 AppID。
>   　　在创建小程序项目时，没有 AppID 也可以开展微信小程序开发，可以获取测试号进行，只是不可以发布小程序开发的成品。

— 3 —

6 进入项目编辑界面，输入昵称，如图1-6所示。

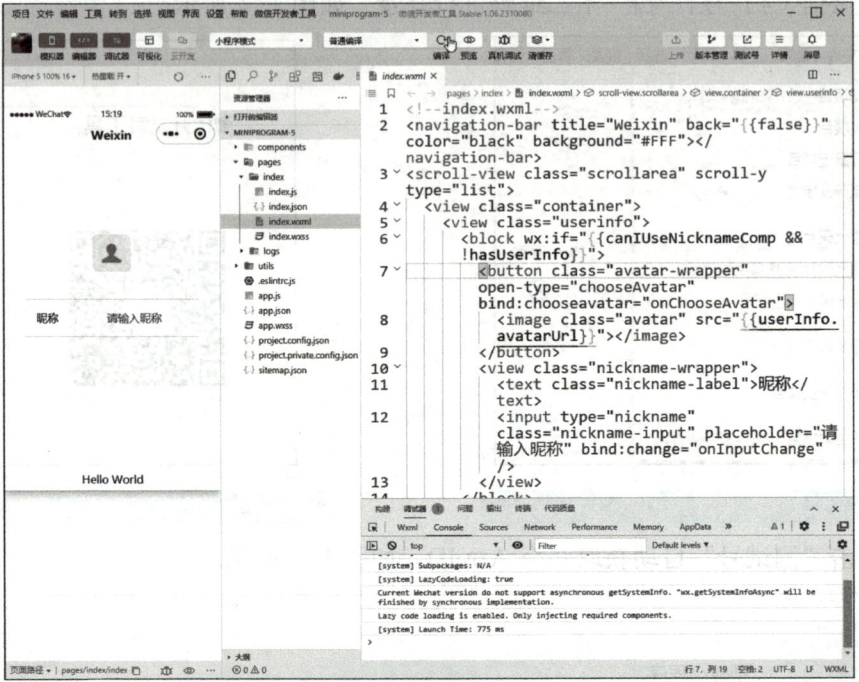

图1-6 输入昵称

7 输入昵称后，在模拟器可以看到Hello World小程序运行界面，如图1-7所示。

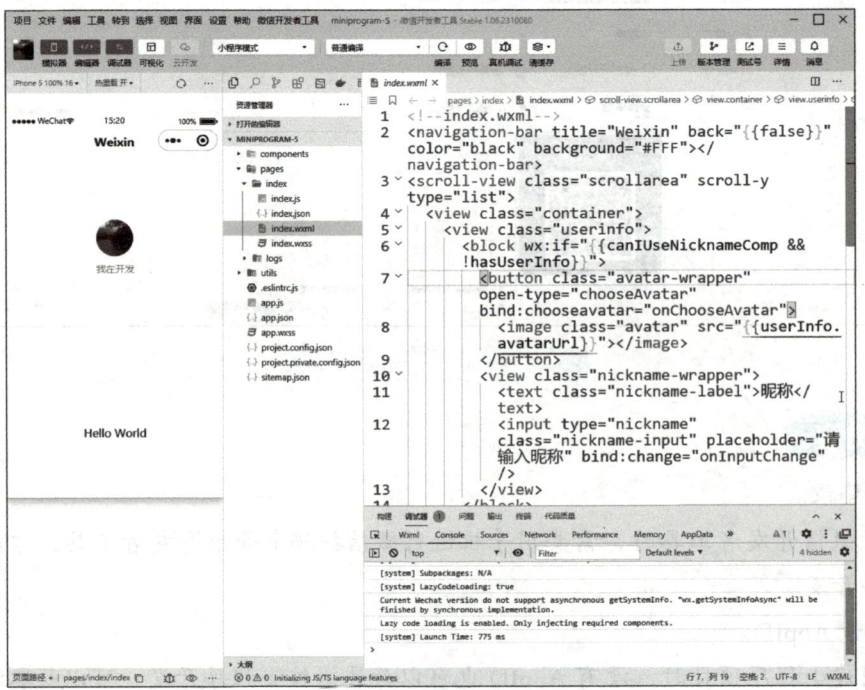

图1-7 Hello World 小程序运行界面

项目 1　Hello World

> **知识链接**
>
> 　　微信小程序开发工具的模拟器是一个内置的工具，用于在开发过程中预览和调试小程序的效果。模拟器可以模拟不同的手机型号和系统版本，以便开发者能够快速查看小程序在不同设备上的运行效果。
> 　　通过模拟器，开发者可以实时预览小程序的界面、交互效果和布局排版，同时还可以进行一些简单的交互操作，如单击按钮、输入文本等，以便快速验证小程序的功能和用户体验。

任务 2　设置头像的样式

任务描述

设置头像的样式。
1）导入项目：任务 2 Hello World（可参考任务 1 的方法创建该任务）。
2）修改头像样式，去除圆角。
3）修改头像样式，修改高度和宽度。

操作步骤

1 启动微信开发者工具，执行"项目/查看所有项目"命令，如图 1-8 所示。

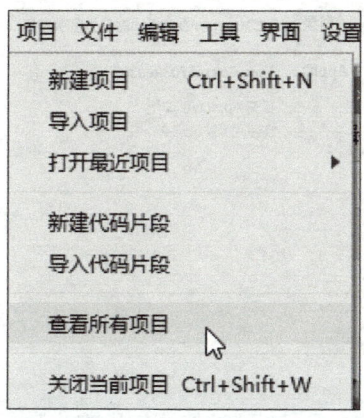

图 1-8　执行"项目/查看所有项目"命令

2 选择"小程序"，单击"+"，如图 1-9 所示。
3 单击"导入项目"按钮，目录选择"任务 2 Hello World"，如图 1-10 所示。
4 成功导入项目后的界面如图 1-11 所示。

— 5 —

5 打开 index.wxml，查看用于头像的 image 组件，image 组件可以实现显示图像，还没设置样式，如 class="userinfo-avatar"，如图 1-12 所示。

图 1-9 单击"+"

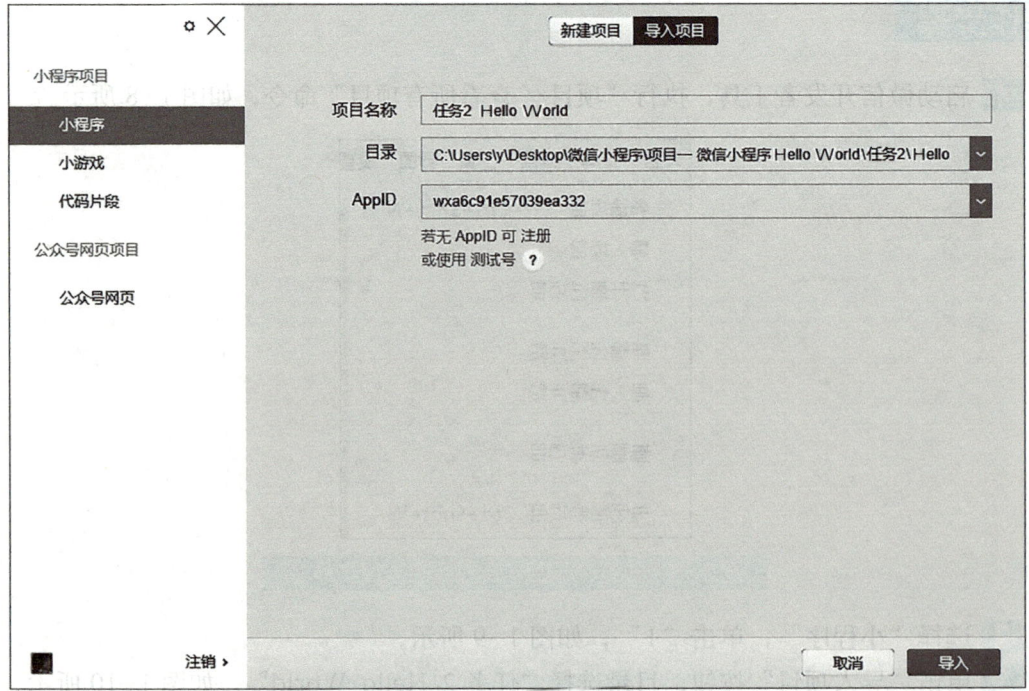

图 1-10 单击"导入项目"按钮

项目 1 Hello World

图 1-11 成功导入项目后的界面

图 1-12 class="userinfo-avatar"

6 打开 index.wxss，查看 .userinfo-avatar 样式代码。

```
.userinfo-avatar {
    width:128rpx；
    height:128rpx；
    margin:20rpx；
    border-radius:50%；
}
```

经验分享

- wxml。

  在小程序中，wxml 相当于网页设计的 HTML 的角色。标签名字与 HTML 有一些不同，小程序 wxml 用的标签是 view、button、text 等，还提供了地图、视频、音频等组件。

- wxss。

  wxss 是一套样式语言，用来决定 WXML 的组件应该怎么显示。

  wxss 具有 CSS 的大部分特性。

  wxss 对 CSS 进行了扩充以及修改，以适应微信小程序的开发。

7 删除 .userinfo-avatar 样式代码中的"border-radius:50%;",会发现头像图片变成了方角,如图 1-13 所示。

```
.userinfo-avatar {
    width:128rpx;
    height:128rpx;
    margin:20rpx;
}
```

8 在 .userinfo-avatar 样式代码中,把"width:128rpx;""height:128rpx;"更改为"width:228rpx;""height:228rpx;",会发现头像图片变大了,如图 1-14 所示。

```
.userinfo-avatar {
    width:228rpx;
    height:228rpx;
    margin:20rpx;
}
```

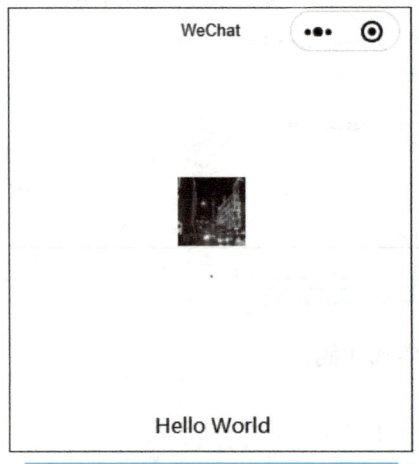

图 1-13 头像图片变成了方角

图 1-14 头像图片变大了

任务 3 添加图片

任务描述

完成图片添加,设置图片样式,实现图片居中显示功能。
1) 把图片复制到项目中。
2) 显示图片。
3) 修改图片样式,实现两张图片居中显示。

操作步骤

1 打开一个微信小程序项目,鼠标指针指向组件窗口中某一个文件,单击鼠标右键,执行"硬盘打开"命令，如图 1-15 所示。

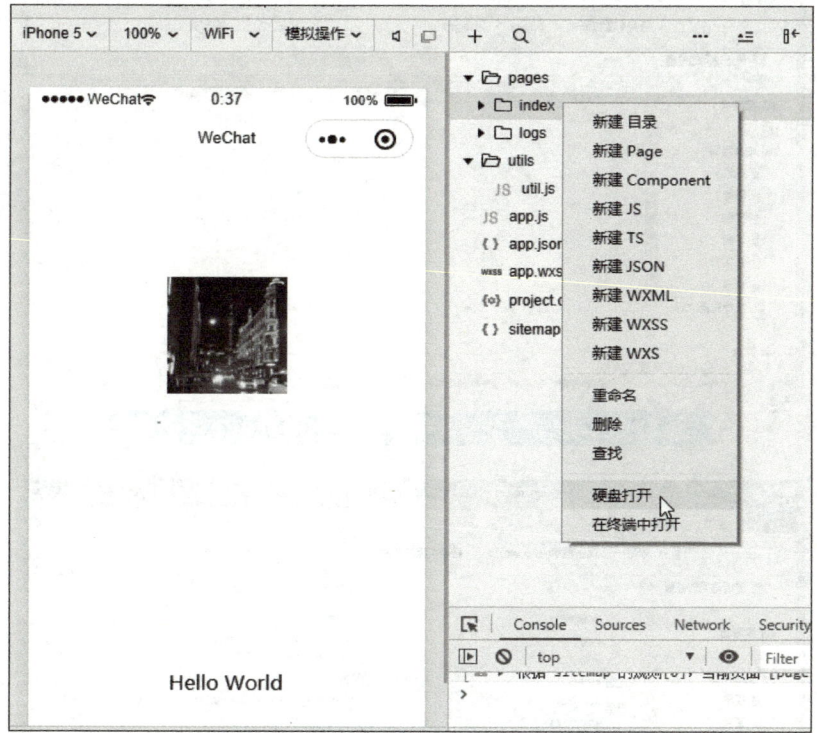

图 1-15　执行"硬盘打开"命令

2 在 pages 目录下，创建 images 文件夹，如图 1-16 所示。

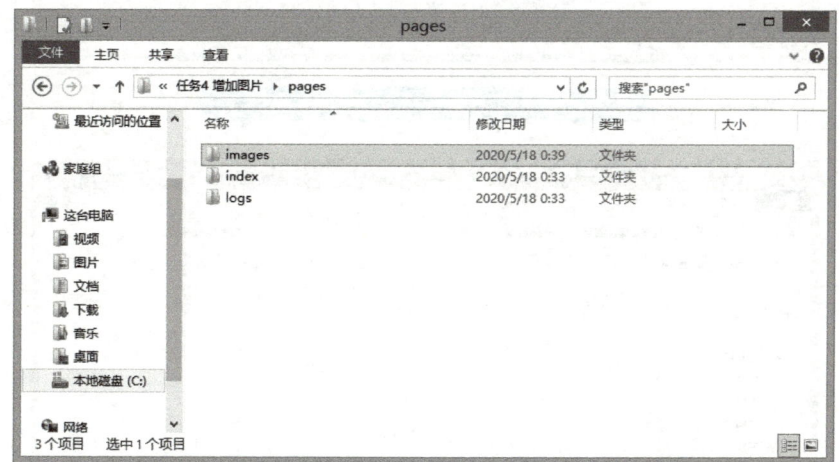

图 1-16　创建 images 文件夹

3 把一个图片文件复制到 images 文件夹中，将它命名为 t1.jpg，如图 1-17 所示。

4 在项目中再创建一个 images 文件夹，使它与 pages 目录同级，如图 1-18 所示。

5 把另一个图片文件复制到新建的 images 文件夹中，将它命名为 t2.jpg，如图 1-19 所示。

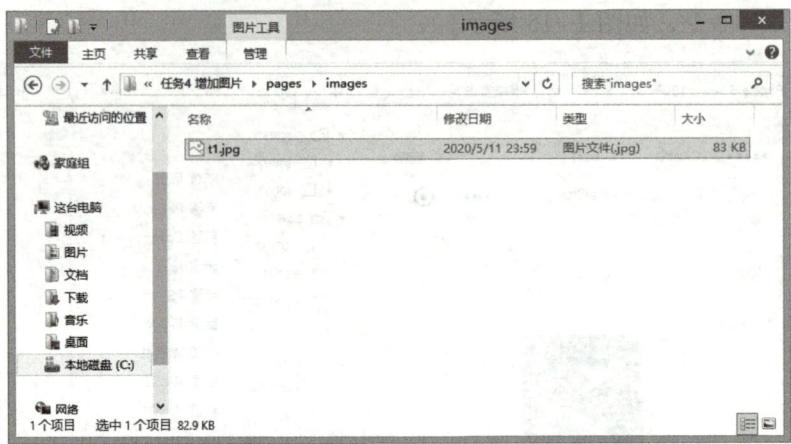

图1-17　把一个图片文件复制到 images 文件夹中

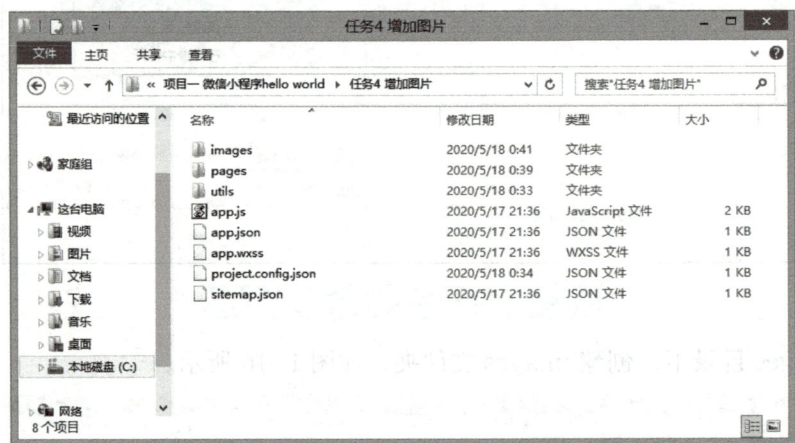

图1-18　再创建一个 images 文件夹

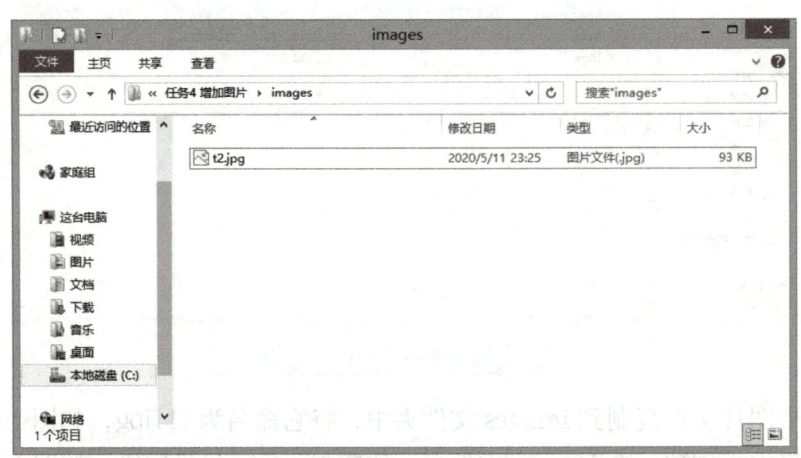

图1-19　把另一个图片文件复制到新建的 images 文件夹中

6 t1.jpg 与 t2.jpg 分别在不同的 images 文件夹中，如图 1-20 所示。

项目 1　Hello World

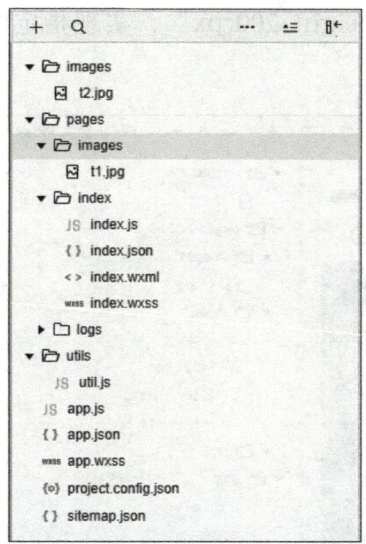

图 1-20　t1.jpg 与 t2.jpg 分别在不同的 images 文件夹中

7 打开 index/index.wxml 文件，添加 <image src="../images/t1.jpg"></image> 语句，会看到左边的手机模拟器中呈现了 t1.jpg 的图像，如图 1-21 所示。

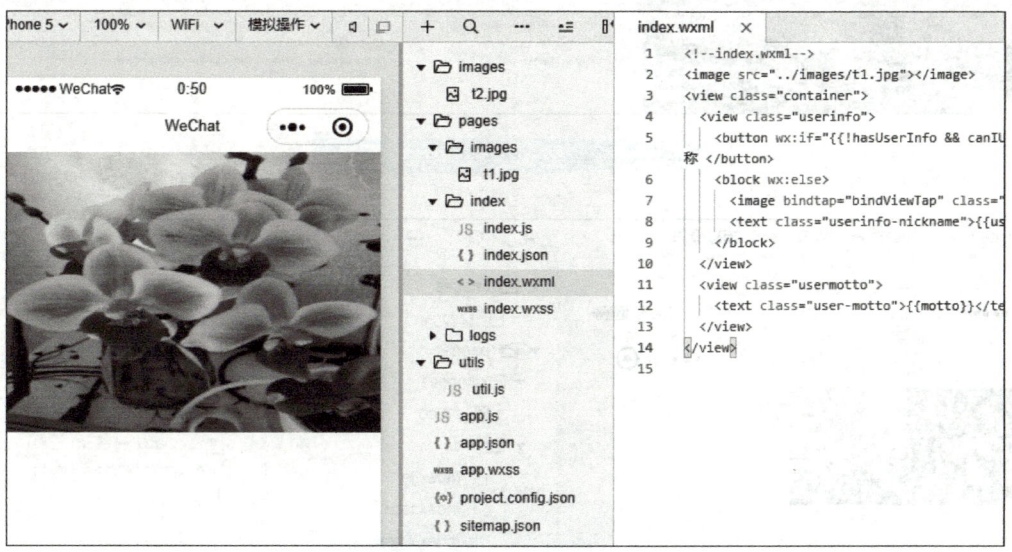

图 1-21　呈现了 t1.jpg 的图像

8 打开 index/index.wxml 文件，添加 <image src="../../images/t2.jpg"></image> 语句，会看到左边的手机模拟器中呈现了 t2.jpg 的图像，如图 1-22 所示。

9 打开 index/index.wxss 文件，添加 image 样式：

```
image{
  width:200rpx;
  height:200rpx;
}
```

— 11 —

设置"width:200rpx""height:200rpx",实现指定图片的宽度和高度的效果,如图 1-23 所示。

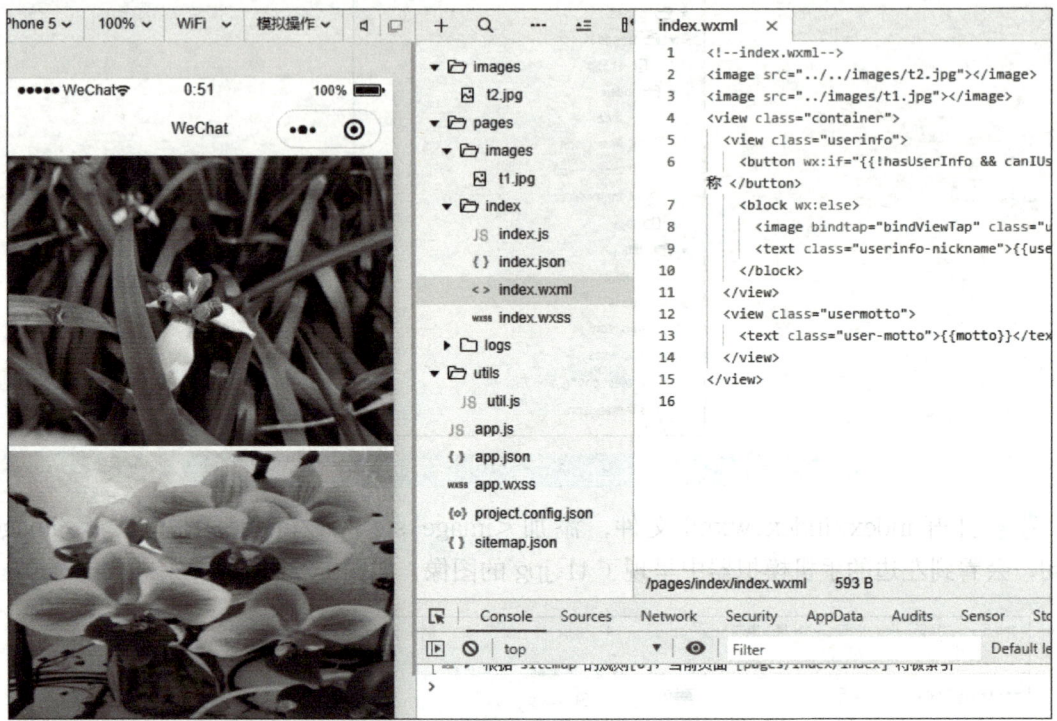

图 1-22　呈现了 t2.jpg 的图像

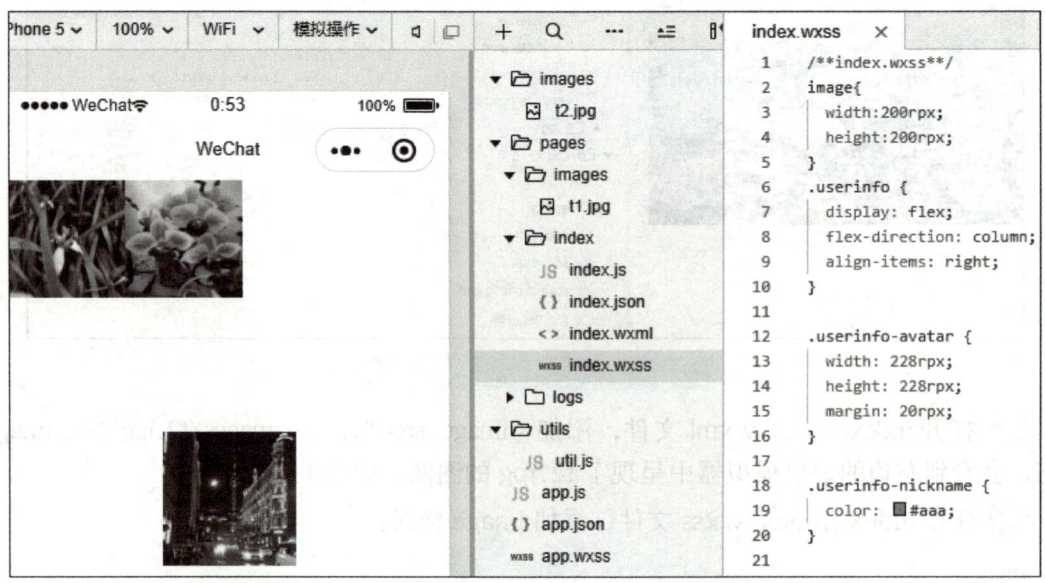

图 1-23　指定图片的宽度和高度的效果

10 打开 index/index.wxss 文件,添加 page 样式:

项目 1　Hello World

```
page{
  text-align:center;
}
```

设置"text-align:center",实现图片居中的效果,如图 1-24 所示。

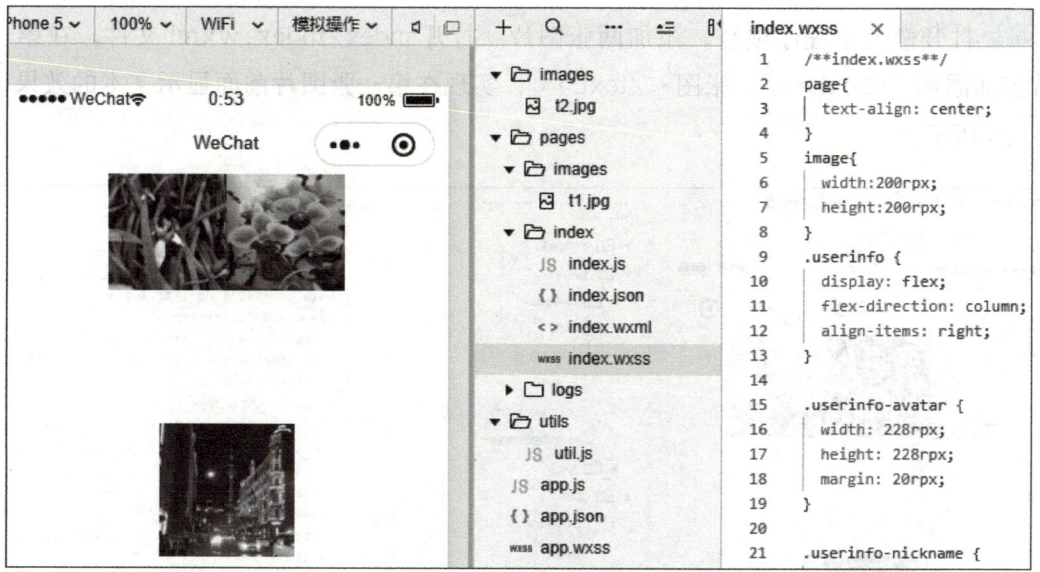

图 1-24　图片居中的效果

知识链接

在微信小程序项目开发中,可以直接把部分需要用到的图像图标文件复制到项目中,并可以通过样式的设置,达到预期的显示效果。

在引用图片文件时,必须掌握图像资源的路径。

\<image src="../images/t1.jpg"\>\</image\>

\<image src="../../images/t2.jpg"\>\</image\>

在以上两个 image 组件中,第二个 src 的路径比第一个多了"../",这是因为虽然 images 的目录名称一样,但 images 目录所在的位级不一样。

任务 4　增加文本

任务描述

完成文本添加,设置文本样式,实现文本与图片居中显示的功能。

1)在指定的位置显示文本。

2）修改文本样式，实现文本 block 显示。

3）实现文本与图片居中显示。

操作步骤

1 打开微信小程序项目，添加两张图片。打开 index/index.wxml 文件，在第一张图片前面添加"<text>第 1 张图</text>"，实现在第一张图片前面显示文本的效果，如图 1-25 所示。

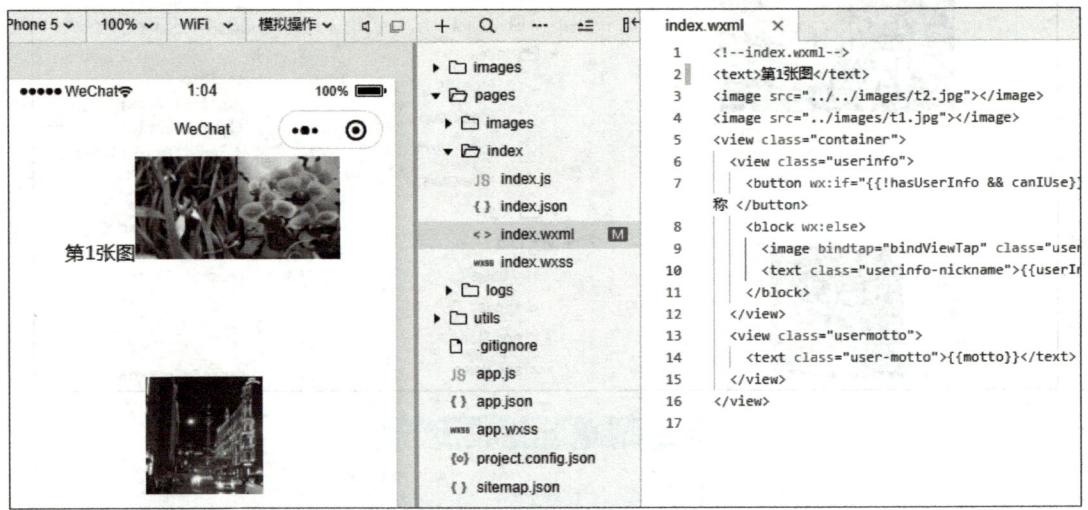

图 1-25　实现在第一张图片前面显示文本的效果

经验分享

- 小程序页面。

  微信小程序页面一般包括：

  一个页面逻辑文件，即 .js 文件。

  一个页面描述文件，即 .wxml 文件，也是视图文件。

  一个样式表文件，即 .wxss 文件。

  一个页面配置文件，即 .json 文件。

- 样式设置。

  在微信小程序项目开发中，页面上的文本与图像一起显示是比较常见的，可以通过样式的设置，设置文本的显示大小、位置、对齐等效果。

2 打开 index/index.wxml 文件，在第二张图片前面添加"<text>第 2 张图</text>"，实现在第二张图片前面显示文本的效果，如图 1-26 所示。

3 打开 index/index.wxss 文件，添加 text 样式：

```
text{
  display:block;
}
```

设置"display:block",实现文本以block显示,呈现文本独占一行的效果,如图1-27所示。

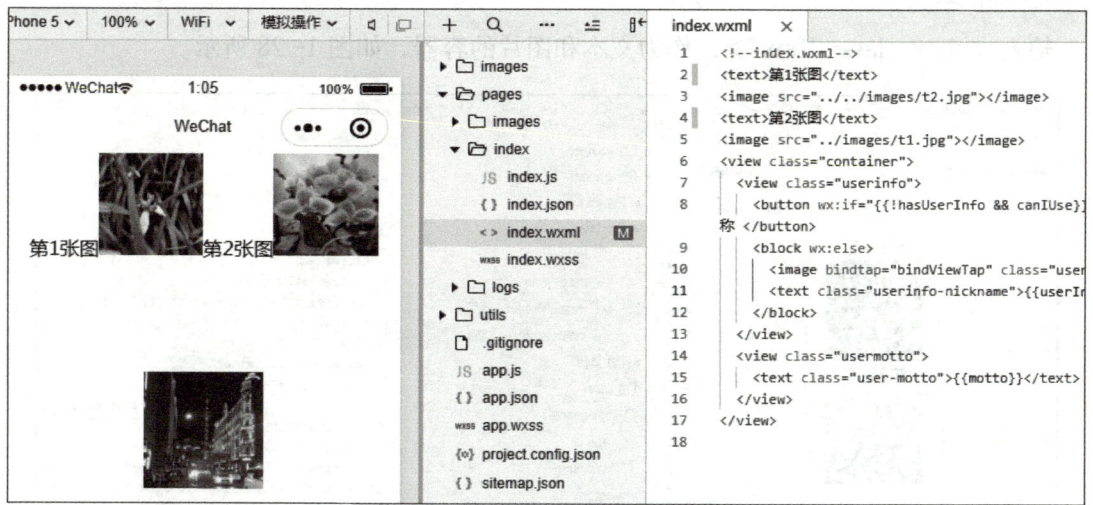

图1-26 实现在第二张图片前面显示文本的效果

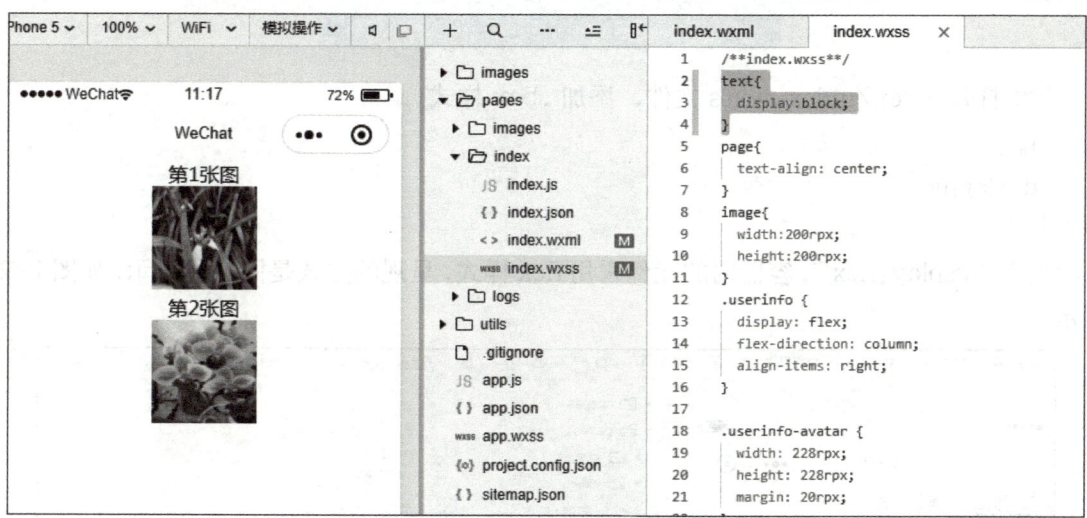

图1-27 文本独占一行的效果

4 打开 index/index.wxml 文件,添加一个 <view class="box"> 组件、两个 <view> 组件。

```
<view class="box">
  <view>
    <text>第 1 张图 </text>
    <image src="../../images/t2.jpg"></image>
  </view>
```

```
    <view>
        <text>第 2 张图 </text>
        <image src="../images/t1.jpg"></image>
    </view>
</view>
```

输入 <view class="box">，作为文本和图片的容器，如图 1-28 所示。

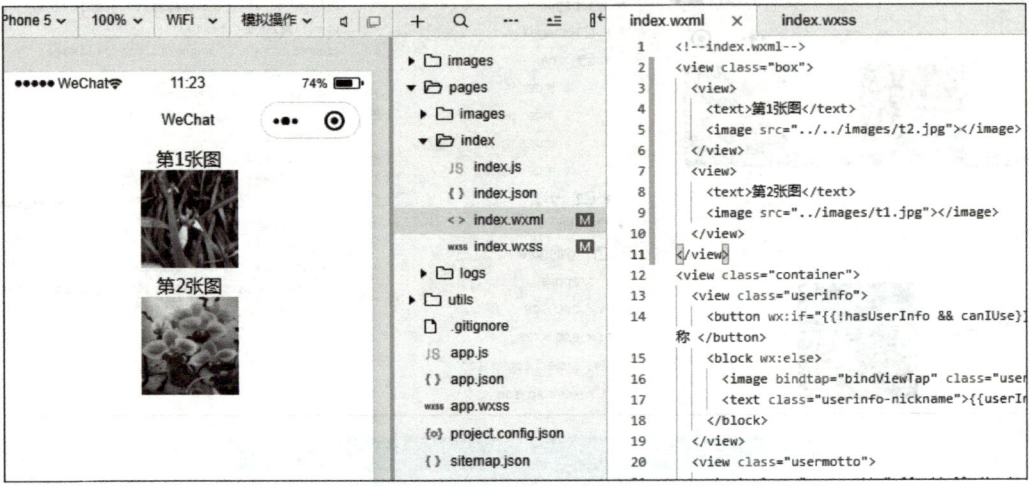

图 1-28　输入 <view class="box">

5 打开 index/index.wxss 文件，添加 .box 样式。

```
.box{
  display:flex;
}
```

设置"display:flex"，容器内的元件采用 flex 样式，呈现的方式是同一行显示，如图 1-29 所示。

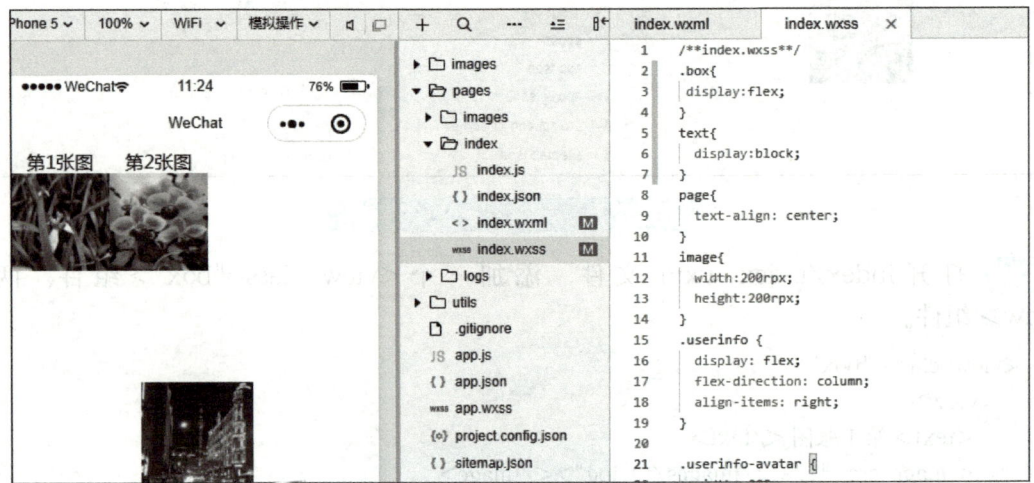

图 1-29　呈现的方式是同一行显示

项目 1　Hello World

6 打开 index/index.wxss 文件，修改 .box 样式。

```
.box{
  display:flex;
  justify-content:center;
}
```

添加"justify-content:center"，实现容器内的元件居中显示，如图 1-30 所示。

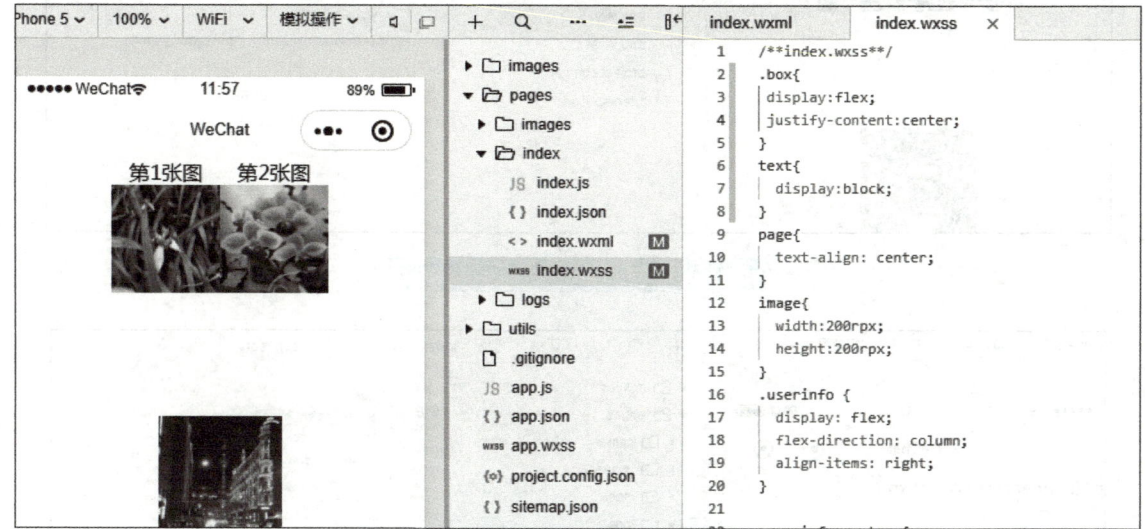

图 1-30　元件居中显示

任务 5　添加子页面

任务描述

完成子页面添加，实现子页面图片浏览功能。

1）通过编辑 app.json 内容，实现子页面添加。

2）配置子页面的标题。

3）在子页面实现多张图片显示的功能。

操作步骤

1 打开小程序项目，打开 utils/app.json，如图 1-31 所示。

2 在 utils/app.json 文件里的"pages"项内的第一行添加""pages/center/index""，保存后，实现新增子页面 pages/center/index 的效果，子页面 pages/center/index 的视图效果呈现在左边的手机模拟器中，如图 1-32 所示。

— 17 —

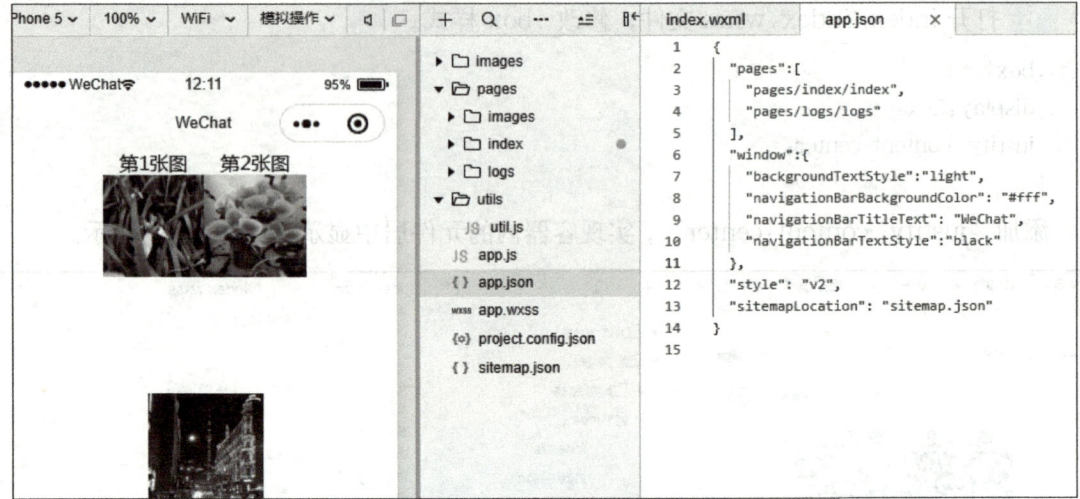

图1-31 打开 utils/app.json

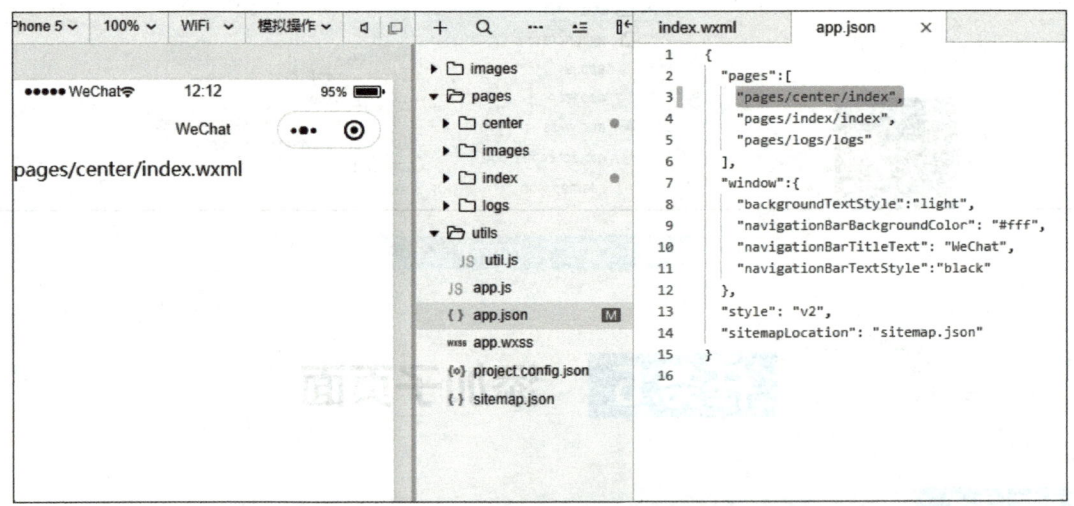

图1-32 子页面 pages/center/index 的视图效果

经验分享

使用 app.json 文件来对微信小程序进行全局配置，可以设置页面文件的路径、窗口表现、网络超时时间等。

其中 pages 属性是一个数组，说明小程序由哪些页面组成，每一项都对应一个页面的路径（含文件名）信息，文件名不需要写文件后缀，小程序会自动寻找对应位置的 .json、.js、.wxml、.wxss 这4个文件进行处理。

❸ 在 center/index.json 文件里花括号内添加 ""navigationBarTitleText":"图片展示"，保存后，实现设置子页面标题文本为"图片展示"的效果，如图1-33所示。

项目 1　Hello World

注意：添加一行时，必须在上一行的末尾添加逗号。

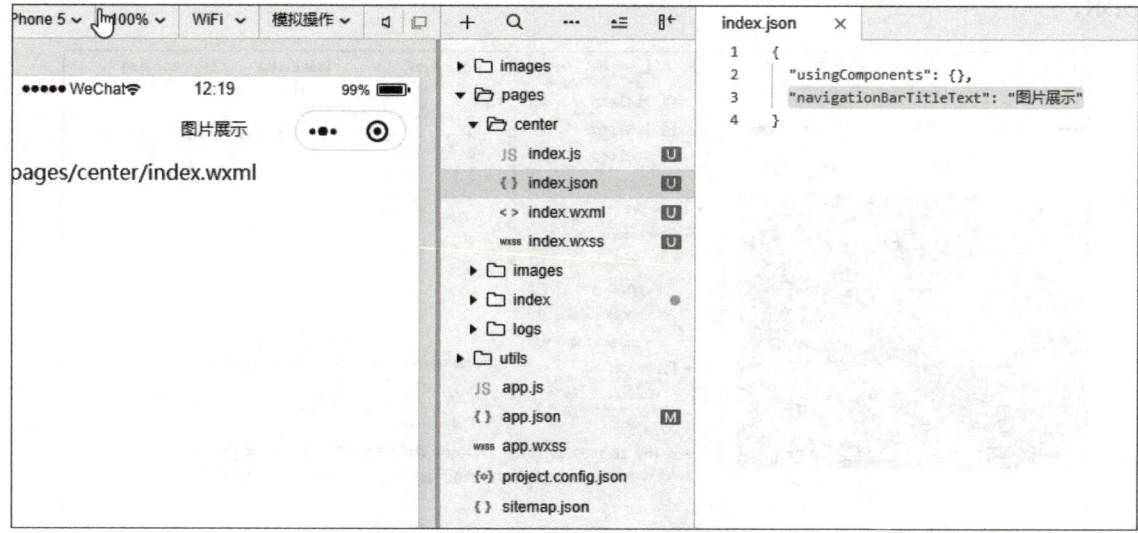

图 1-33　子页面标题文本为"图片展示"

4 把若干个图片复制到项目的 images 文件夹中，并依次将它们命名为 fruit1.png、fruit2.png、fruit3.png、fruit4.png、fruit5.png，如图 1-34 所示。

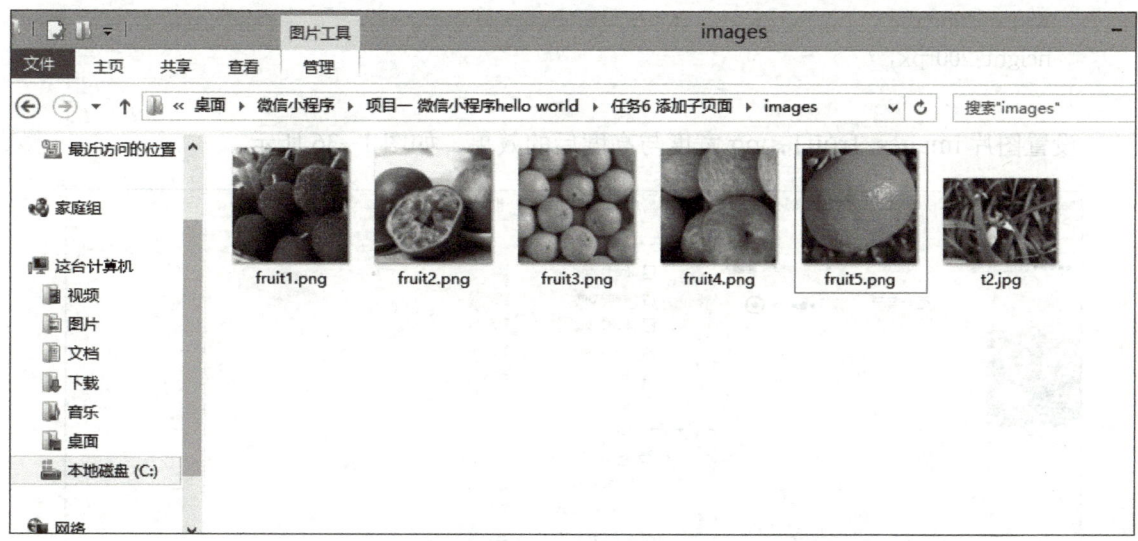

图 1-34　将若干个图片复制到项目的 images 文件夹中

5 打开 center/index.wxml 文件，添加组件 <view class="box">，并在其内添加 <image src="../../images/fruit1.png"></image> 组件：

```
<view class="box">
    <image src="../../images/fruit1.png"></image>
</view>
```

— 19 —

在 center/index.wxml 页面中，实现显示图片 images/fruit1.png 的效果，如图 1-35 所示。

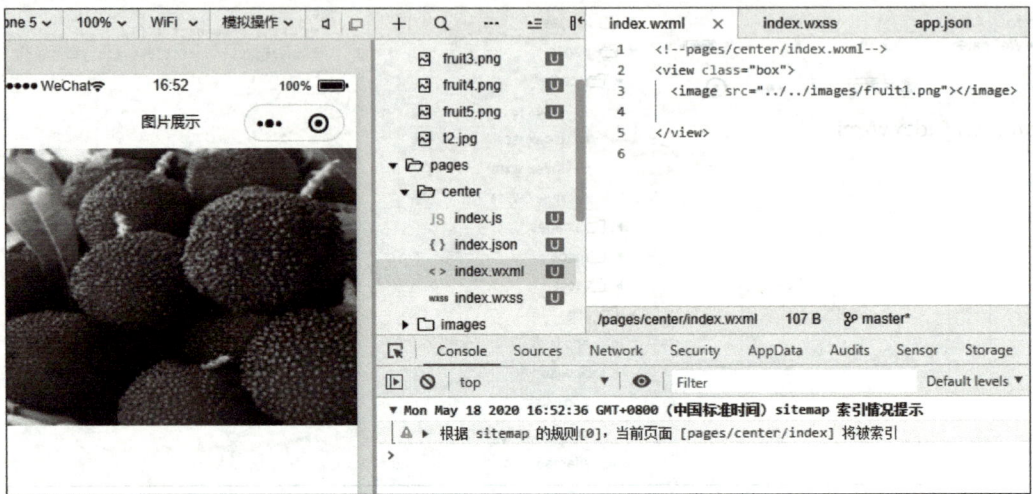

图 1-35　实现显示图片 images/fruit1.png 的效果

6 打开 center/index.wxss 文件，添加样式：

image{
　width:200rpx;
　height:200rpx;
}

设置图片 images/fruit1.png 宽度与高度后的效果，如图 1-36 所示。

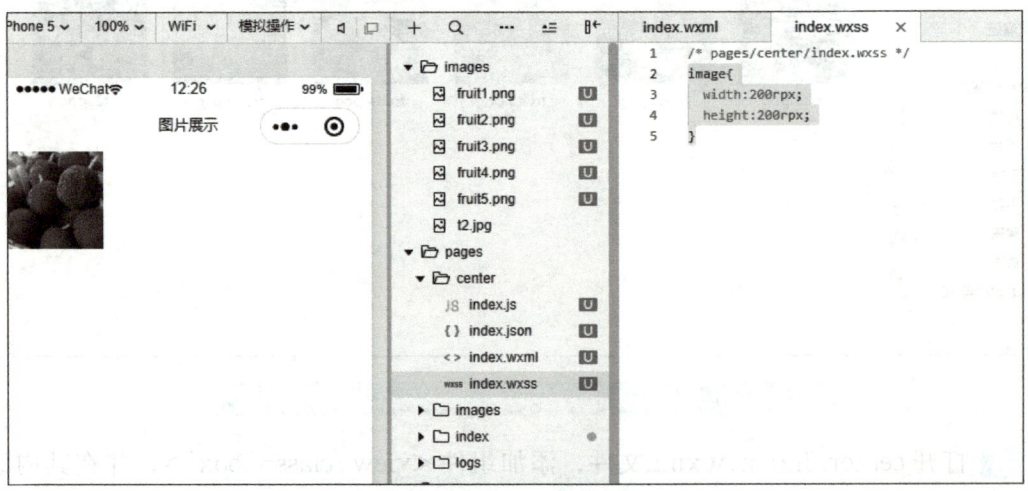

图 1-36　设置图片 images/fruit1.png 宽度与高度

7 打开 center/index.wxml 文件，在组件 <view class="box"> 内，再添加多个 image 组件，实现显示多张图片的效果，如图 1-37 所示。

项目 1　Hello World

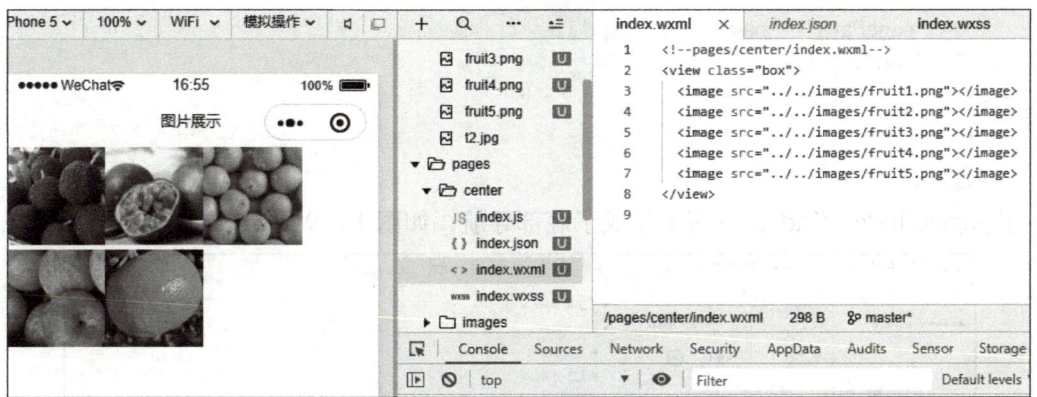

图 1-37　添加多个 image 组件

> **知识链接**
>
> 在微信小程序项目开发中，将多个页面应用于项目中几乎是必不可少的应用技能。编辑 utils/app.json 文件就可以实现首页设置、子页面添加等功能。
>
> 在每个子页面文件夹下，都存在 .json、.js、.wxml、.wxss 这 4 个文件。

任务 6　tabBar 导航

任务描述

实现 tabBar 导航添加，完成导航菜单项的图标设置。
1）通过编辑 app.json 内容，实现 tabBar 导航添加。
2）配置导航菜单项的页面路径。
3）配置导航菜单项的图标。

操作步骤

1 打开 utils/app.json 文件，把 "pages" 项内的 ""pages/index/index"" 调整到第一行，实现首页为 pages/index/index 的效果，如图 1-38 所示。

2 在 utils/app.json 文件中，添加：

```
"tabBar": {
    "list": [
        {
            "pagePath": "pages/index/index",
            "text": " 首页 "
        },
        {
```

```
            "pagePath": "pages/logs/logs",
            "text": "日志"
        }
    ]
}
```

在 pages/index/index 页面中生成了底部导航,如图 1-39 所示。

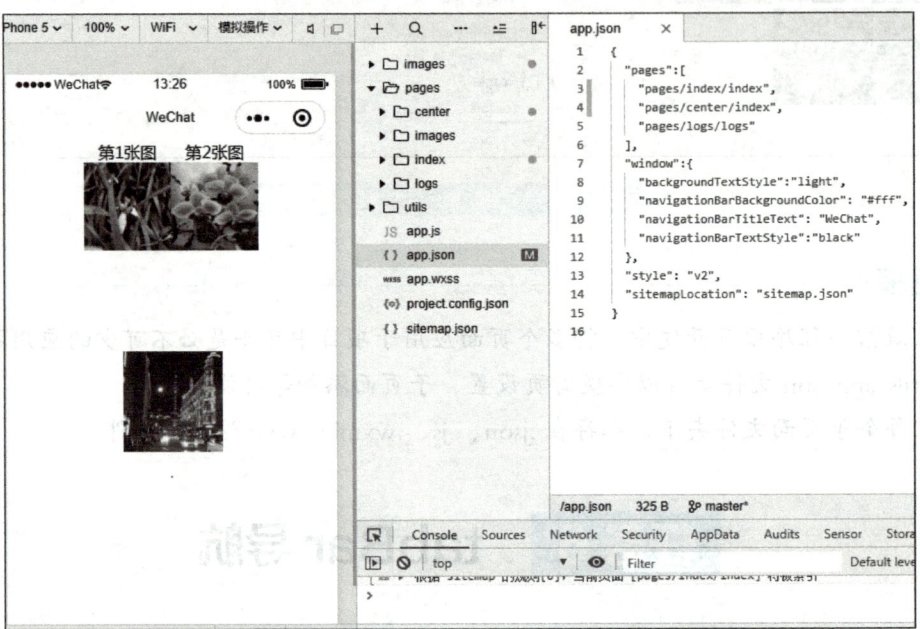

图 1-38　实现首页为 pages/index/index 的效果

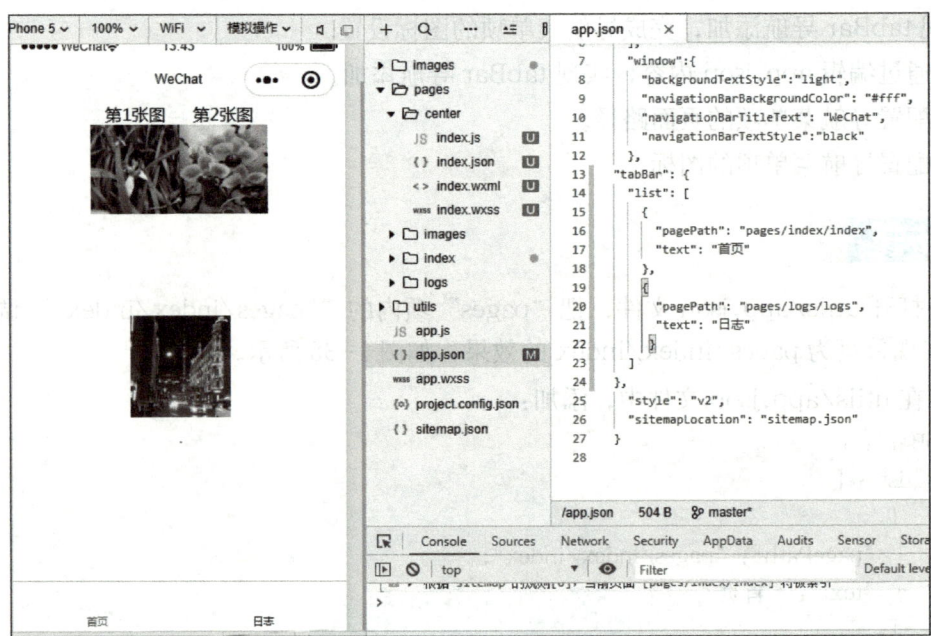

图 1-39　生成了底部导航

项目 1 Hello World

> **经验分享**
>
> 在 app.json 中输入 tabBar 的所有代码并保存，正常情况下，在模拟器中就会看到菜单呈现出来。如果底部导航的菜单不能显示出来，则可以尝试暂时把 `"style": "v2"` 这一行命令删除，再保存调试，等看到模拟器中的菜单呈现出来后，再恢复删除的代码。

3 在 utils/app.json 文件的 tabBar 的 list 中增加一项：

```
{
    "pagePath": "pages/center/index",
    "text": "图片浏览"
}
```

保存后，页面的底部导航增加了一项"图片浏览"，如图 1-40 所示。

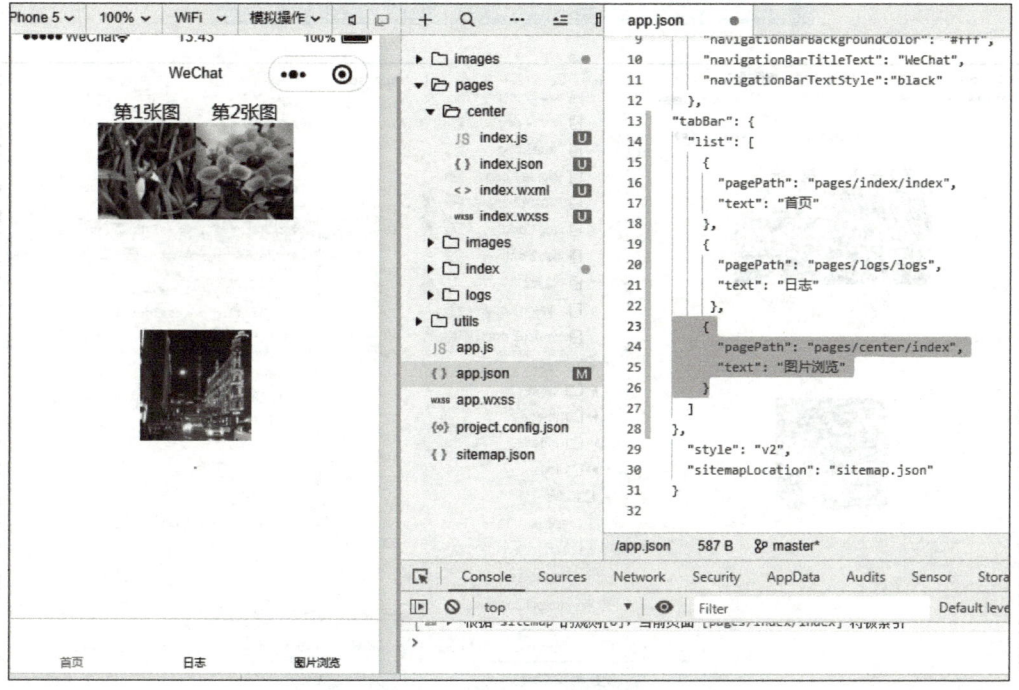

图 1-40　底部导航增加了一项"图片浏览"

4 复制 home1.png、home2.png、log1.png、log2.png、watch1.png、watch2.png 等图片文件到项目的 images 文件夹中，如图 1-41 所示。

5 打开 app.json 文件，在"首页"下添加两行代码：

```
"iconPath": "images/home1.png",
"selectedIconPath": "images/home2.png"
```

其中，iconPath 的作用是定义菜单项的图标文件为 images/home1.png；selectedIconPath 的作用是当菜单项选中时，显示的图标为 images/home2.png，如图 1-42 所示。

— 23 —

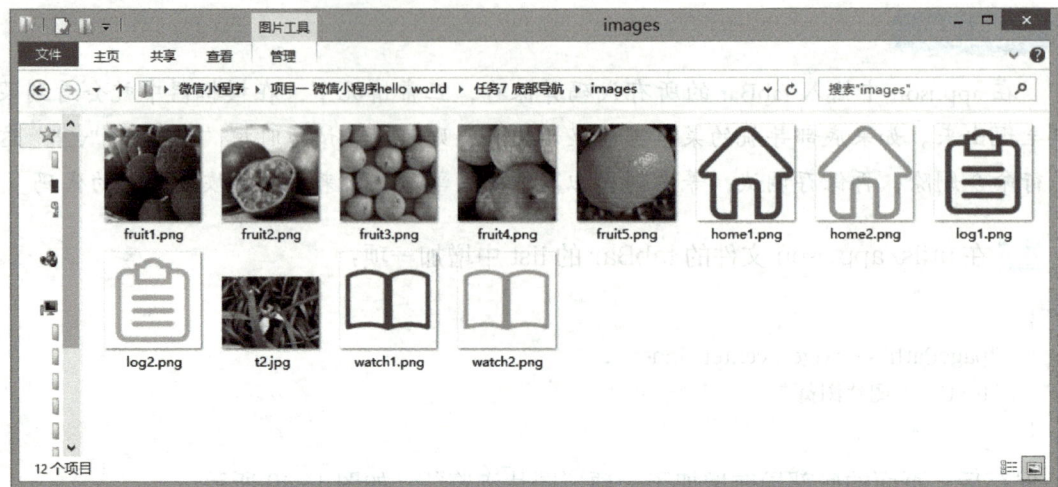

图1-41 复制图片文件到项目的 images 文件夹中

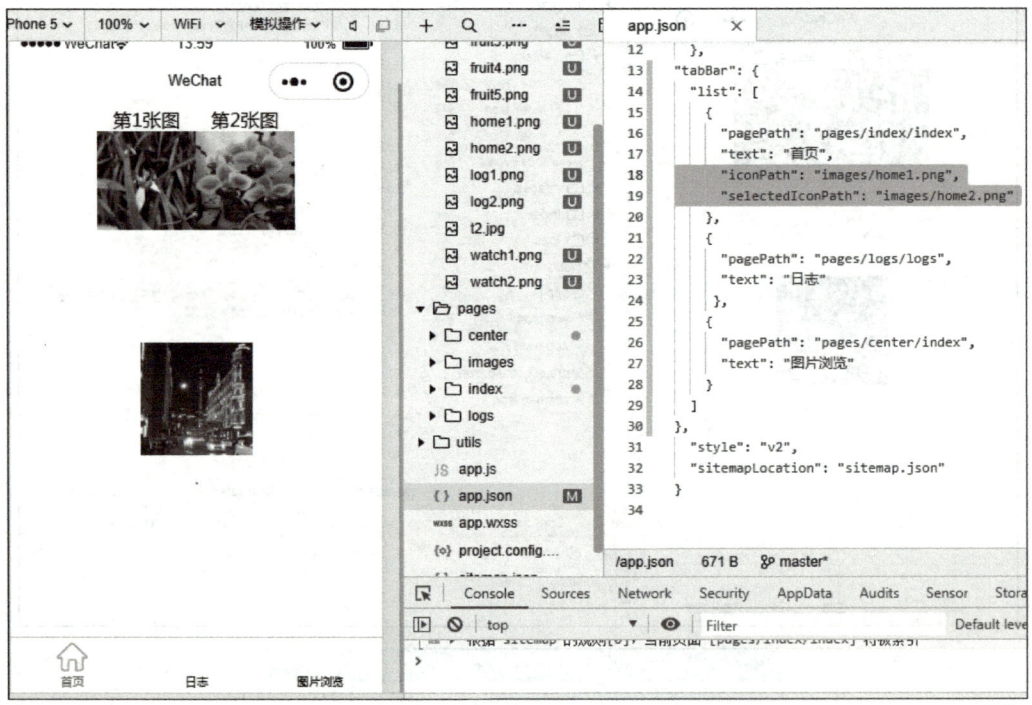

图1-42 显示的图标为 images/home2.png

6 打开 app.json 文件,在"日志"下添加两行代码:

"iconPath": "images/log1.png",
"selectedIconPath": "images/log2.png"

在"图片浏览"下添加两行代码:

"iconPath": "images/watch1.png",
"selectedIconPath": "images/watch2.png"

项目 1　Hello World

为"日志""图片浏览"菜单项配置对应的图标，如图 1-43 所示。

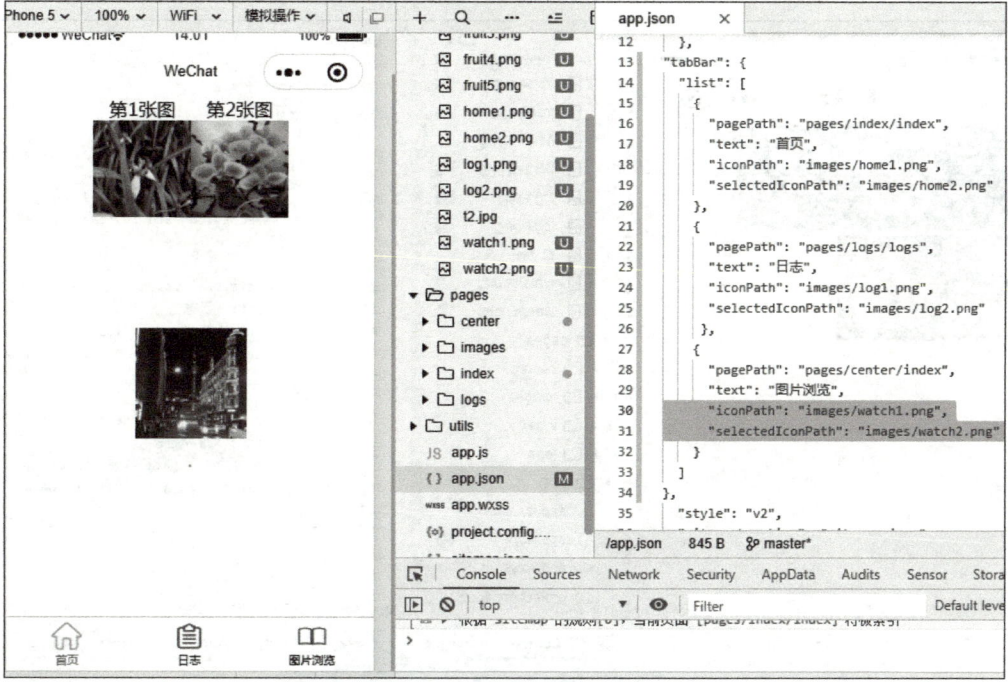

图 1-43　为菜单项配置对应的图标

7 单击"日志"后，显示 pages/logs/logs 页面内容，如图 1-44 所示。

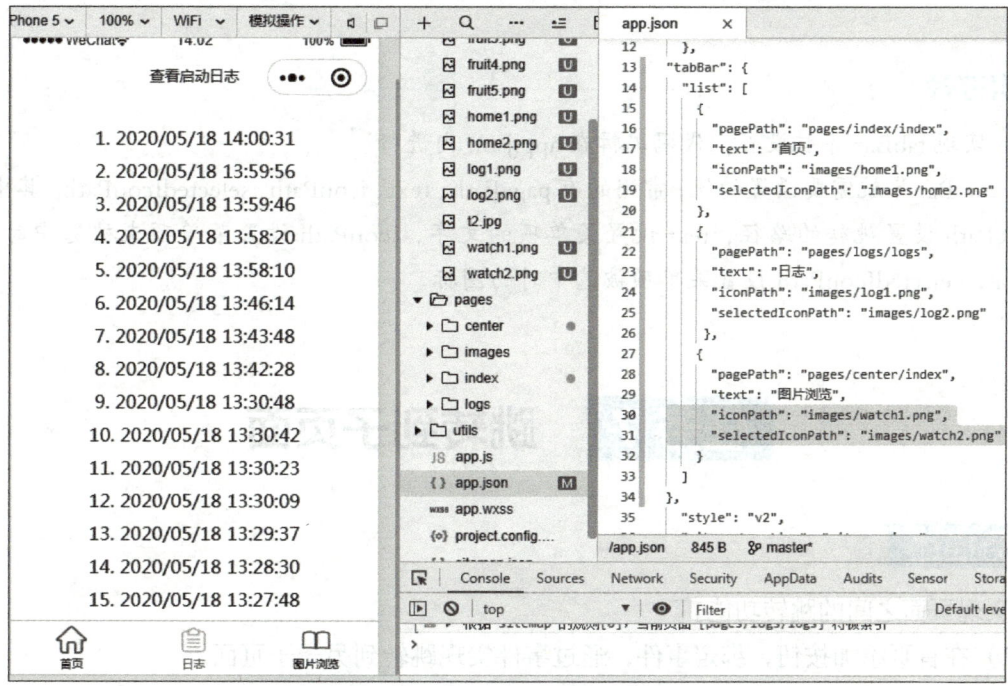

图 1-44　显示 pages/logs/logs 页面内容

8 单击"图片浏览"后，显示 pages/center/index 页面内容，如图 1-45 所示。

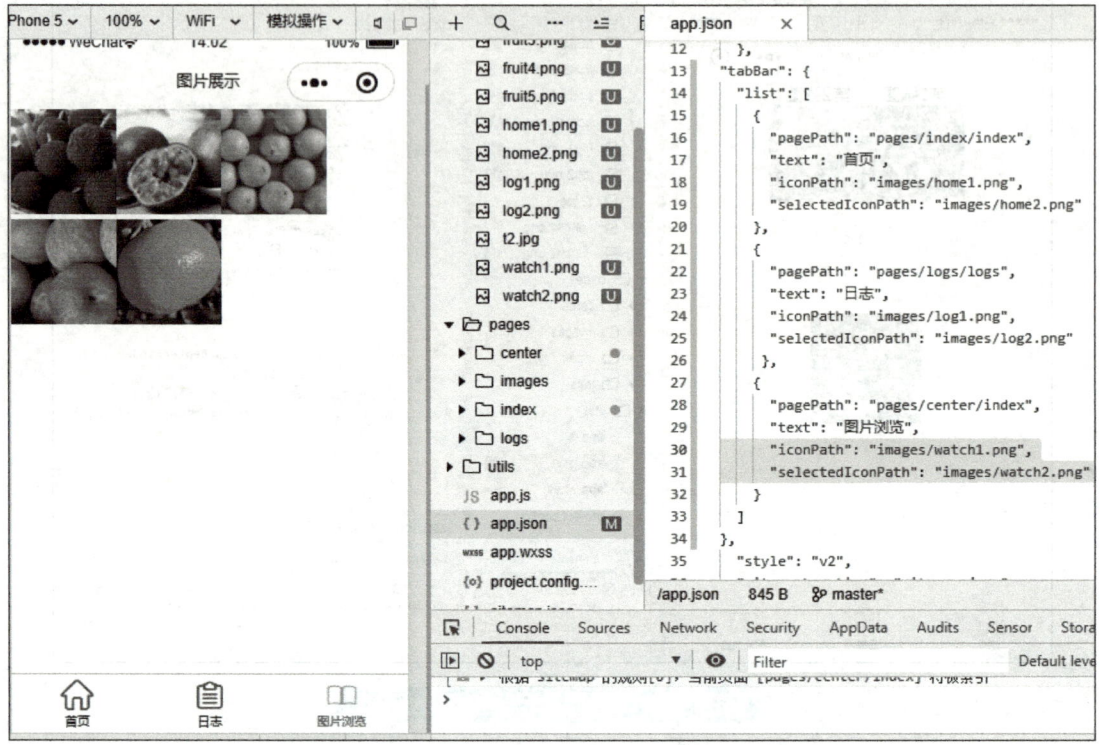

图 1-45 显示 pages/center/index 页面内容

> **知识链接**
>
> 实现 tabBar 导航设置，代码编辑在 app.json 内进行。
> tabBar 导航需要设置的值，常用的有 pagePath、text、iconPath、selectedIconPath。其中，pagePath 设置跳转的路径，text 设置菜单项的文字，iconPath 设置菜单项未被选中时的图标，selectedIconPath 设置菜单项被选中时的图标。

任务 7　跳转到子页面

任务描述

实现页面之间的跳转功能。
1）在首页添加按钮，绑定事件，通过事件实现跳转到另一子页面。
2）在子页面添加链接，用链接实现跳转到首页。

项目 1 Hello World

操作步骤

1 新建一个小程序项目，如图 1-46 所示。

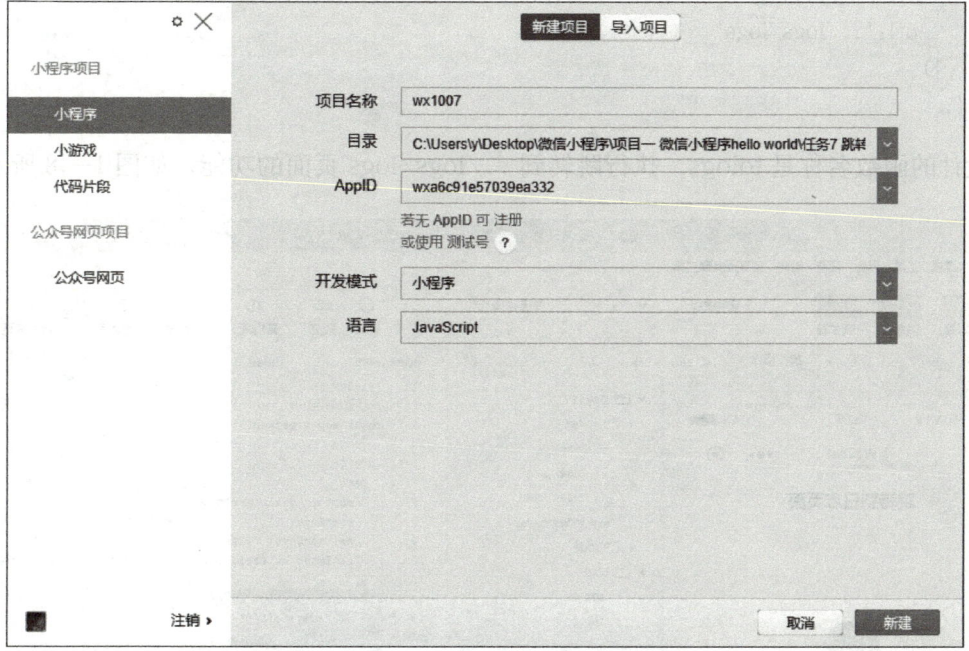

图 1-46 新建一个小程序项目

2 打开 index/index.wxml 文件，添加"<button bindtap="tologs"> 跳转到日志页面 </button>"组件，得到一个绑定了 tologs 函数的按钮，如图 1-47 所示。

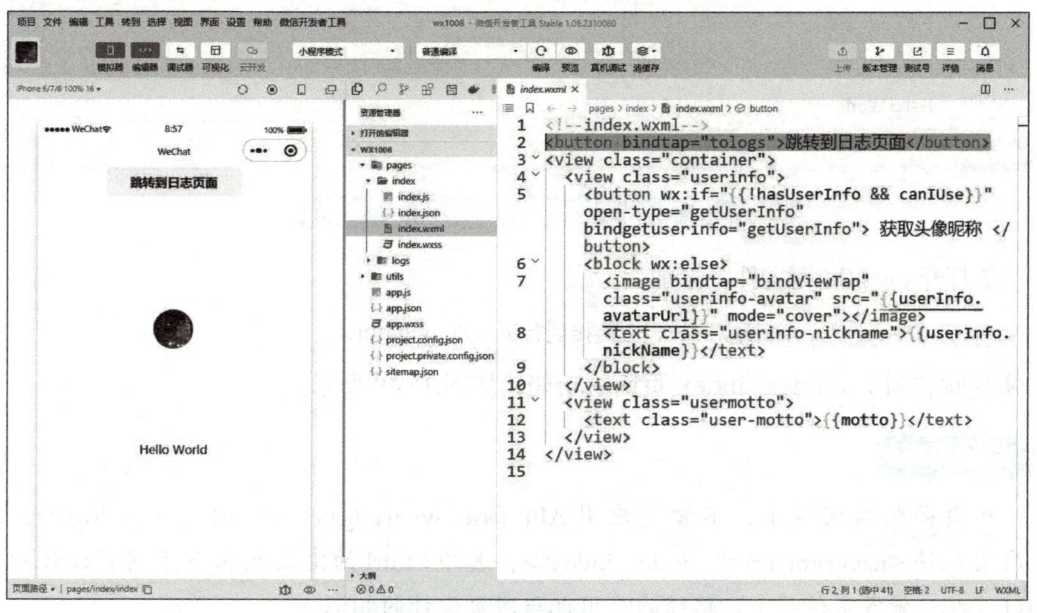

图 1-47 绑定了 tologs 函数的按钮

— 27 —

3 打开 index/index.js 文件，添加：

```
tologs:function () {
  wx.navigateTo({
    url:'../logs/logs'
  })
},
```

设计的函数名称是 tologs，执行跳转到 ../logs/logs 页面的功能，如图 1-48 所示。

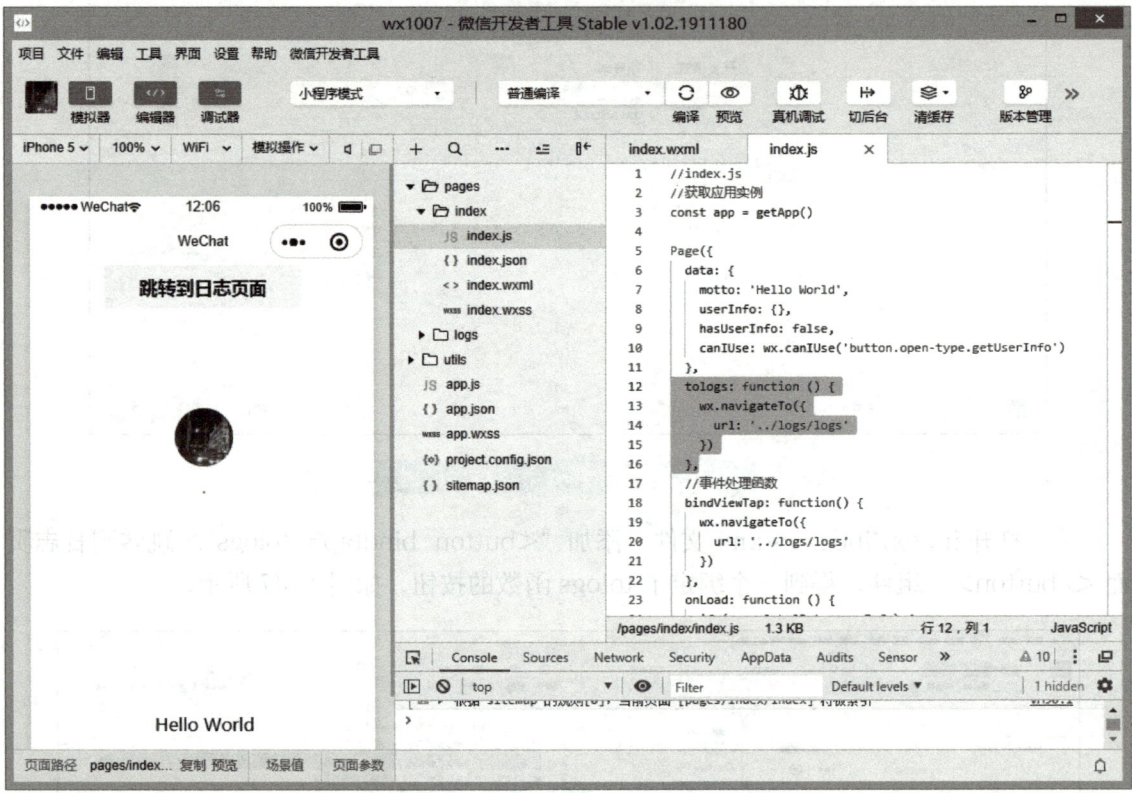

图 1-48 设计的函数名称是 tologs

4 打开 logs/logs 文件，添加：

`<navigator url="../index/index"> 链接到首页 </navigator>`

实现跳转到 ../index/index 页面的功能，如图 1-49 所示。

经验分享

在页面跳转实现中，不管是应用 API 函数 wx.navigateTo({ url: '../logs/logs'})，还是应用组件 `<navigator url="../index/index">`，其中的 url 的定义就相当于网页设计中的 URL（统一资源定位符），路径的应用也与网页设计的相似。

项目 1　Hello World

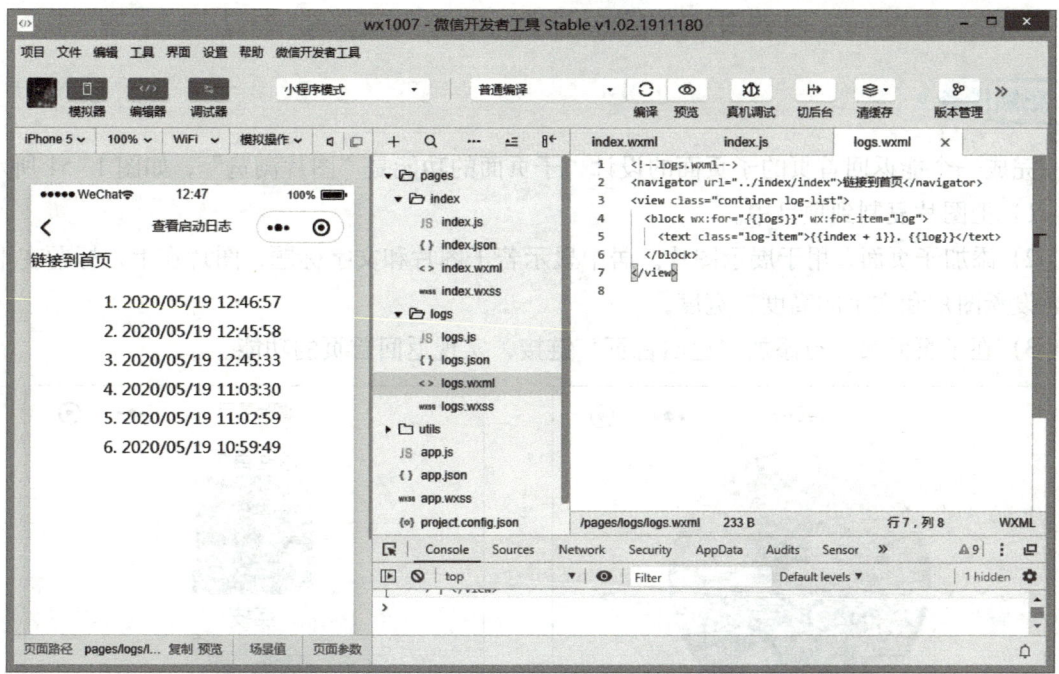

图 1-49　实现跳转到 ../index/index 页面的功能

知识链接

在微信小程序项目开发中，若有多个页面，则页面之间的跳转是必不可少的。页面之间的跳转实现有许多方式，既可以通过 JavaScript 命令实现，也可以通过链接实现。

项目总结

本项目讲解了如何下载和安装小程序开发工具，并介绍了如何创建小程序 Hello World。通过反复的操作与练习，读者可以掌握微信小程序开发的基本操作过程。

熟练实现各任务的设计，在不参考代码的情况下能够实现设计功能，可以达到优秀的水平。

拓展练习

拓展任务 1

完成图片添加，实现图片圆角样式设置，如图 1-50 所示。

1) 把图片复制到项目中。
2) 显示图片，修改图片样式，设置图片高度和宽度。

3）修改图片样式，实现图片圆角样式设置。

拓展任务 2

完成一个能返回首页的子页面的设计，子页面的功能是"图片浏览"，如图 1-51 所示。

1）把图片复制到项目中。

2）添加子页面，用于展示图片。居中显示若干图片和文字标题，图片在上，标题在下；适当设置图片和文字的高度、宽度。

3）在子页面第一行添加"返回首页"链接，实现返回首页的功能。

图 1-50　实现图片圆角样式设置

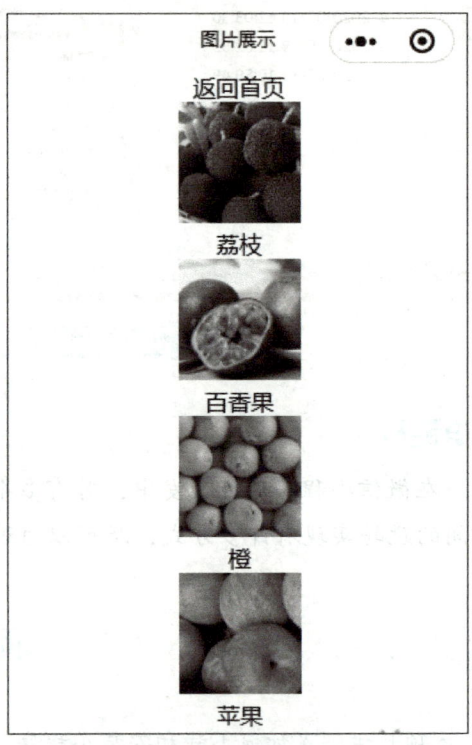

图 1-51　能返回首页的"图片浏览"子页面

项目 2

布局入门

项目情景

　　公司的招聘经理在招聘新员工时，如果招聘岗位是微信小程序开发，则常会关注应聘者做过哪些小程序。如果有成品，应聘者能现场展示自己的作品，就会有更好的第一印象，成功应聘的概率较大。作品呈现的内容首先是界面，小程序界面的实现一般从布局开始，那么手机上许多精彩纷呈的小程序界面是怎样实现的？资深设计员在布局方面有哪些技巧？

　　本项目通过多个任务，从视图和样式等页面设计开始，引导初学者一步一步地熟悉各种布局的技能知识点，最终熟练掌握小程序界面的布局工作技能，达到"想要什么效果就可以设计出什么效果"的工作能力。

学习目标

　　通过本项目的学习，掌握微信小程序界面布局的基本设计过程，能实现常见的界面效果设计，并最终能设计出有自己创意的小程序界面。

任务 1　<view> 组件与 wxss 应用布局

任务描述

　　实现多个元素按样图设计，如图 2-1 所示。

　　1）页面划分为上、下两个区域，区域设有背景色和边界，宽度为屏幕的 90%，居中于屏幕。

2) 第一个区域内纵向显示两个子区域，子区域设有背景色，宽度为容器的 90%。

3) 第二个区域内横向显示两个子区域，子区域设有背景色，每个宽度为容器的 50% 以下。

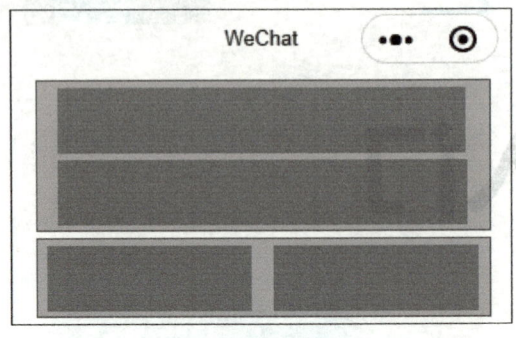

图 2-1　多个元素按样图设计

操作步骤

1 打开 index.wxml，添加 <view class="header"> 组件，并在其中添加两个 <view class="subheader"> 组件。

```
<view class="header">
  <view class="subheader"></view>
  <view class="subheader"></view>
</view>
```

2 打开 index.wxss，添加 .header、.subheader 样式，实现页面效果，如图 2-2 所示。

```
.header{
  margin:10rpx auto;
  width:90%;
  background-color:rgb(102, 231, 171);
  border:1rpx solid red;
}
.subheader{
  margin:10rpx auto;
  width:90%;
  background-color:rgb(255, 196, 0);
  height:100rpx;
}
```

图 2-2　页面效果

3 打开 index.wxml，添加 <view class="content"> 组件，并在其中添加两个 <view class="subcontent"> 组件。

```
<view class="content">
  <view class="subcontent"></view>
  <view class="subcontent"></view>
</view>
```

> **经验分享**
>
> 样式命令"margin: 10rpx auto;"的作用是设置上边距(跟本标签上面的元素)为10rpx,左右为自动,即达到水平居中的效果。

4 打开index.wxss,添加 .content、.subcontent 样式,实现页面效果,如图 2-3 所示。

```
.content{
    margin:10rpx auto;
    display:flex;
    width:90%;
    background-color:rgb(102, 231, 171);
    border:1rpx solid red;
}
.subcontent{
    margin:10rpx auto;
    width:45%;
    background-color:rgb(255, 196, 0);
    height:100rpx;
}
```

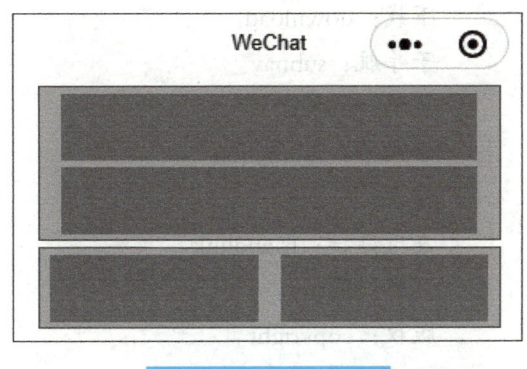

图 2-3 页面效果

知识链接

- <view> 组件。

  在网页的前端设计中,常使用 DIV+CSS 进行页面布局,其中 <div> 用于分割页面。

  在小程序中,有一套类似 <div> 的容器组件,那就是 <view>、<scroll-view> 和 <movable-view> 等。

  <view> 是视图容器组件,没有特殊功能,也具有类似网页中 <div> 分割页面的功能,主要用于布局展示,是布局中最基本的组件,许多复杂的布局都可以通过嵌套 <view> 组件,设置相关 WXSS 实现。学习 WXSS 布局属性,可以参考网页的 CSS 布局属性。

- class 命名规范。

  页面布局 class 常见命名规范,建议用以下命名:

  头:header。

  内容:content/container。

  尾:footer。

  导航:nav。

  侧栏:sidebar。

  栏目:column。

  页面外围控制整体布局宽度:wrapper。

左、右、中：left、right、center。
登录条：loginbar。
标志：logo。
广告：banner。
页面主体：main。
热点：hot。
新闻：news。
下载：download。
子导航：subnav。
菜单：menu。
子菜单：submenu。
搜索：search。
友情链接：friendlink。
页脚：footer。
版权：copyright。
滚动：scroll。

任务 2　flex 布局实现水平布局

任务描述

设计 5 个元素，水平居中，平均分布于一个带背景色的背景中，如图 2-4 所示。

1）页面划分为两个区域，设有背景色，宽度为屏幕的 100%。

2）第一个区域中，同一行显示 5 个子区域，子区域设有背景色，文本居中。

3）第二个区域显示版权信息，设有背景色，字体白色。

图 2-4　5 个元素

操作步骤

1 打开 index.wxml，添加 <view class="header"> 组件，并在其中添加 5 个 <view class="sheader"> 组件。

```
<view class="header">
  <view class="sheader">1</view>
  <view class="sheader">2</view>
  <view class="sheader">3</view>
  <view class="sheader">4</view>
  <view class="sheader">5</view>
</view>
```

经验分享

在编写代码时，要注意规范的缩进，这样可以让代码清晰易读。

养成代码缩进的习惯，是成为优秀编程人员的基本功。

2 打开 index.wxss，添加 .header、.sheader 样式，实现页面效果，如图 2-5 所示。

```
.header{
    display:flex;
    justify-content:space-evenly;
    background-color:#ccc;
    height:500rpx;
    text-align:center;
}
.sheader{
    margin-top:30rpx;
    width:100rpx;
    height:100rpx;
    line-height:100rpx;
    background-color:yellow;
}
```

图 2-5 页面效果

3 打开 index.wxml，添加 `<view class="copyright">`、`<view class="scopyright">` 组件，并写上功能介绍和作者信息等文本。

```
<view class="copyright">
    <view class="scopyright">居中平均分布 </view>
    <view class="scopyright">设计:移动前端设计员 </view>
</view>
```

4 打开 index.wxss，添加 .copyright 样式，实现页面效果，如图 2-6 所示。

```
.copyright{
    margin:10rpx auto;
    background-color:#ccc;
    text-align:center;
    color:rgb(255, 255, 255);
}
```

图 2-6 页面效果

知识链接

flex 布局是什么？

flex 是弹性布局，设置了 display: flex 后，需要再设置 justify-content 以控制标签内的元素（子元素）布局效果。

justify-content 属性用于在 flex 容器中设置子元素的主轴对齐方式。主轴是 flex 容器的方向，flex 容器的方向由 flex-direction 的值确定，一个是水平方向，一个是垂直方向。如果容器的 flex-direction 是 row，则主轴为水平方向；如果是 column，则主轴为垂直方向。主轴方向确定后，子元素如何布局，还要由 justify-content 的属性值决定。

justify-content 的常用值包括：

flex-start：子元素向主轴起始位置对齐。

flex-end：子元素向主轴结束位置对齐。

center：子元素向主轴中心对齐。

space-between：子元素之间间隔相等，首尾子元素分别贴近主轴起始和结束位置。

space-around：子元素之间间隔相等，首尾子元素间距是子元素与主轴边界间距的两倍。

space-evenly：子元素之间、首尾子元素与主轴边界的间隔相等。

任务 3　内容页面布局

任务描述

参照具体需求说明，按样图完成内容页面的布局，如图 2-7 所示。

1）页面划分为左、中、右 3 个区域，每个区域内都有 3 个元素；设有背景色，总宽度为屏幕的 100%。

2）每个区域中都有内容区，内容区居中于容器中，样式设置合理。

操作步骤

1 打开 index.wxml，添加 <view class="content"> 组件，并在其中添加 <view class="contentL">、<view class="contentM">、<view class="contentR"> 这 3 个 <view>，且每个 <view> 里都添加了 3 个 <view>。

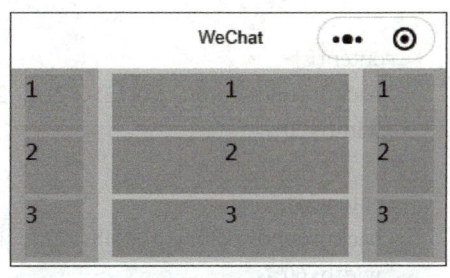

图 2-7 按样图完成内容页面的布局

```
<view class="content">
  <view class="contentL">
    <view class="subcontentL">1</view>
    <view class="subcontentL">2</view>
    <view class="subcontentL">3</view>
  </view>
  <view class="contentM">
    <view class="subcontentM">1</view>
    <view class="subcontentM">2</view>
    <view class="subcontentM">3</view>
  </view>
  <view class="contentR">
    <view class="subcontentR">1</view>
    <view class="subcontentR">2</view>
    <view class="subcontentR">3</view>
  </view>
</view>
```

经验分享

- 代码格式化。

  当视图页面的组件过多时，采用缩进的方法对代码进行格式化管理，显得更规范。

- 底色应用技巧。

  在视图页面设计的入门学习中，给组件设置不同的底色，更容易帮助设计者观察组件的区域所在及样式的变化。

2 打开 index.wxss，添加 .content、.contentL、.contentM、.contentR、.subcontentL 等样式，实现视图效果，如图 2-7 所示。

```
.content{
  display:flex;
  border:1rpx solid red;
```

```
    }
    .contentL{
      background-color:rgb(125, 218, 241);
      width:20%;
    }
    .contentM{
      background-color:rgb(248, 225, 15);
      width:60%;
    }
    .contentR{
      background-color:rgb(125, 218, 241);
      width:20%;
    }
    .subcontentL{
      margin:0 auto;
      width:100rpx;
      height:100rpx;
      background-color:rgb(9, 223, 9);
      margin-top:10rpx;
      margin-bottom:10rpx;
    }
    .subcontentM{
      width:90%;
      height:100rpx;
      background-color:rgb(9, 223, 9);
      margin:10rpx auto;
      text-align:center;
    }
    .subcontentR{
      margin:0 auto;
      width:100rpx;
      height:100rpx;
      background-color:rgb(9, 223, 9);
      margin-top:10rpx;
      margin-bottom:10rpx;
    }
```

任务4　靠页面右侧的布局

任务描述

设计两个元素，靠右侧显示，如图2-8所示。

1）背景 view 样式为 box，在屏幕水平居中。
2）box 内的 view 样式为 sbox，通过样式控制 sbox 显示在 box 右侧。
3）按效果图合理设置背景色、区域大小、文本字体大小。

操作步骤

1 打开 index.wxml，添加 <view class="box">、<view class="subbox">、<view class="view1">、<view class="view2"> 等组件。

```
<view class="box">
  <view class="subbox">
    <view class="view1">靠右侧</view>
    <view class="view2">靠右侧</view>
  </view>
</view>
```

经验分享

要使一个组件靠右对齐，有许多方法。如果能熟练地运用不同的代码实现同样的预期效果，则需要开发者对每句代码的功能都理解。平时多上网查阅语句的功能说明，这样会帮助自己提高代码的理解水平。

2 打开 index.wxss，添加 .box、.subbox、.view1、.view2 等样式，实现视图效果，如图 2-8 所示。

```
.box{
  padding:auto;
  width:100%;
  text-align:center;
  line-height:300rpx;
}
.subbox{
  margin:0 2% 0 2%;
  border:1rpx solid #000;
}
.view1{
  margin-left:50%;
  width:50%;
  background-color:rgb(248, 234, 31);
}
.view2{
  margin-left:50%;
  width:50%;
  background-color:rgb(45, 238, 45);
}
```

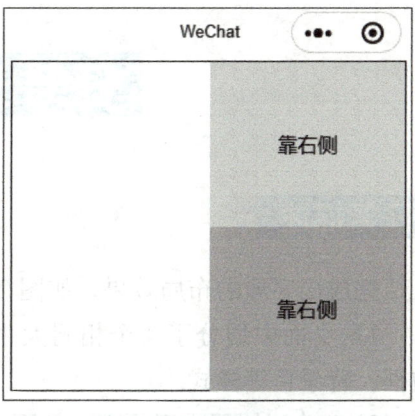

图 2-8 元素靠右侧显示

知识链接

margin 属性在一个声明中可设置所有外边距属性。

例：

margin:10rpx 15rpx 25rpx 30rpx;

上外边距是 10rpx。

右外边距是 15rpx。

下外边距是 25rpx。

左外边距是 30rpx。

例：

margin:10rpx 15rpx;

上外边距和下外边距是 10rpx。

右外边距和左外边距是 15rpx。

例：

margin:0 auto;

实际可以写成"margin:0 auto 0 auto;"，设置对象的上、下外边距为 0，左、右自动。左、右自动，即到达了居中的效果。

如果只需要设置某一个方向的 margin 值，则可以使用 margin-left、margin-top、margin-right、margin-bottom。

任务 5　田字形的布局

任务描述

完成田字形的布局效果，如图 2-9 所示。

1）页面中划分了 4 个相同大小的区域，各区域有边框、背景色等样式。

2）4 个区域居中于页面，并围成一个田字形。

操作步骤

1 打开 index.wxml，添加 <view class="box">、<view class="subbox">、<view class="view1">、<view class="view2">、<view class="view3">、<view class="view4"> 等组件。

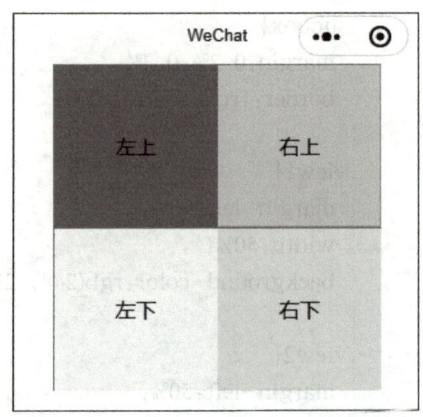

图 2-9　田字形的布局效果

```
<view class="box">
  <view class="subbox">
    <view class="view1">左上</view>
    <view class="view2">右上</view>
  </view>
  <view class="subbox">
    <view class="view3">左下</view>
    <view class="view4">右下</view>
  </view>
</view>
```

2 打开 index.wxss，添加 .box、.subbox、.view1、.view2、.view3、.view4 等样式，实现视图效果，如图 2-9 所示。

```
.box{
  padding:auto;
  width:100%;
  text-align:center;
  line-height:300rpx;
}
.subbox{
  margin:0 10% 0 10%;
  display:flex;
  border:1rpx solid rgb(136, 236, 111);
}
.view1{
  width:300rpx;
  height:300rpx;
  background-color:rgb(245, 23, 245);
}
.view2{
  width:300rpx;
  height:300rpx;
  background-color:rgba(57, 241, 57, 0.678);
}
.view3{
  width:300rpx;
  height:300rpx;
  background-color:yellow;
}
.view4{
  width:300rpx;
  height:300rpx;
  background-color:#9f9;
}
```

知识链接

- 颜色的定义方法有多种。

    1）使用颜色名称，例如，红色设为 red。

    2）使用十六进制值，例如，红色设为 #ff0000。

    3）使用 rgb() 函数，例如，红色设为 rgb(255,0,0)。

    4）使用 rgba() 函数，例如，红色且半透明设为 rgba(255,0,0,0.5)。

    5）使用 linear-gradient() 函数，例如，从顶向下的红色、黄色、白色渐变设为 linear-gradient(top,red,yellow,white)。

- rgb(r,g,b) 的定义和用法。

    r：红色值，可用正整数或百分数。

    g：绿色值，可用正整数或百分数。

    b：蓝色值，可用正整数或百分数。

- rgba(r,g,b,a) 的定义和用法。

    r：红色值，可用正整数或百分数。

    g：绿色值，可用正整数或百分数。

    b：蓝色值，可用正整数或百分数。

    a：Alpha 透明度，取值为 0～1。

    #EE00EE 表示颜色时，相当于 rgb(255,0,255)。#EE00EE 有时可以缩写成 #E0E。

任务 6　倒福字的布局

任务描述

完成倒过来的福字布局，如图 2-10 所示。

1）页面中有一个棱形红底的区域。

2）棱形中心有一个倒写的"福"字。

操作步骤

1 打开 index.wxml，添加 <view class="box">、<view class="txt"> 组件。

```
<view class="box"></view>
<view class="txt"> 福 </view>
```

图 2-10　倒福字布局

> **经验分享**
>
> 在样式设置中，对元素进行旋转，可以使用 transform 属性。transform: rotate(45deg) 实现顺时针旋转 45°。

2 打开 index.wxss，添加 .box、.txt 等样式，实现视图效果，如图 2-10 所示。

```
.box{
    position:absolute;
    top:200rpx;
    left:170rpx;
    width:400rpx;
    height:400rpx;
    background-color:rgb(250, 0, 0);
    transform:rotate(45deg);
    z-index:9;
}
.txt{
    position:absolute;
    top:270rpx;
    left:270rpx;
    font-size:200rpx;
    color:rgb(245, 220, 0);
    text-align:center;
    transform:rotate(180deg);
    z-index:99;
}
```

知识链接

- transform 定义和用法。

    例：

    transform:rotate(45deg) 可实现顺时针旋转 45°。

- z-index 定义和用法。

    例：

    z-index:100、z-index:10。

    z-index 的数字越大，层次越靠前，值为整数且不用带单位。z-index 有时存在无效果的异常，一般是因为缺少了 position 的设置。当 position 属性值为 absolute、relative 或 fixed 时，用 z-index 取值方可生效。

任务 7　柱形图的布局

任务描述

完成一个柱形图的布局，如图 2-11 所示。

1）在页面的一个区域内实现一个柱形图的布局。

2）数据柱高度与数据对应。数据越大，高度越大；数据越小，高度越小。

3）柱形有底色，数据显示于柱顶。

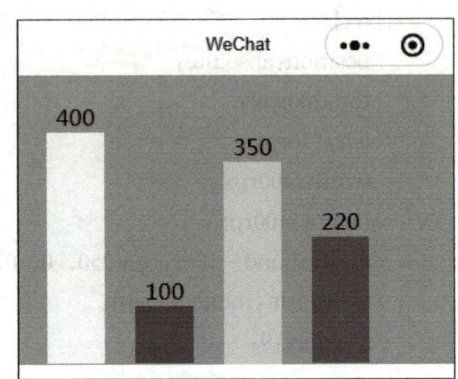

图 2-11　柱形图的布局

操作步骤

1 打开 index.wxml，添加 <view class="main"> 组件，包括 4 组 <view> 和 <text>。

```
<view class="main">
    <view class="data1">
        <text>400</text>
    </view>
    <view class="data2">
        <text>100</text>
    </view>
    <view class="data3">
        <text>350</text>
    </view>
    <view class="data4">
        <text>220</text>
    </view>
</view>
```

> **经验分享**
>
> "position: absolute;" 生成绝对定位的元素。元素的位置通过 left、top、right 以及 bottom 属性进行定位。

2 打开 index.wxss，添加 .main、.data1、.data2、.data3、.data4、text 等样式，实现视图效果，如图 2-11 所示。

— 44 —

```
.main{
    height:500rpx;
    text-align:center;
    background-color:rgb(197, 194, 194);
}
.data1{
    position:absolute;
    left:50rpx;
    top:100rpx;
    width:100rpx;
    height:400rpx;
    background-color:yellow;
}
.data2{
    left:200rpx;
    top:400rpx;
    position:absolute;
    width:100rpx;
    height:100rpx;
    background-color:rgb(0, 132, 255);
}
.data3{
    position:absolute;
    left:350rpx;
    top:150rpx;
    width:100rpx;
    height:350rpx;
    background-color:rgb(0, 255, 242);
}
.data4{
    position:absolute;
    left:500rpx;
    top:280rpx;
    width:100rpx;
    height:220rpx;
    background-color:rgb(255, 0, 212);
}
text{
    display:block;
    margin-top:-50rpx;
}
```

知识链接

下面介绍 display 的定义和用法。

例：

display:none：元素不会被显示。

display:block：元素将显示为块级元素，前后会带有换行符，元素将呈现独占一行的效果。

display:inline：元素会被显示为内联元素，元素前后没有换行符。元素将呈现可以与其他行内元素共享一行的效果。

display:inline-block：元素能够在同一行显示。

任务 8 拼图对接的布局

任务描述

完成一个拼图对接的布局，如图 2-12 所示。

1）把两张拼图图片置入页面中。

2）调整图片的大小，两张图能在同一行显示。

3）设置图片的位置，完成拼图对接。

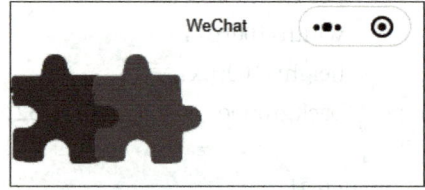

图 2-12 拼图对接的布局

操作步骤

1 添加图片，在组件清单上右击鼠标，执行"硬盘打开"命令，建立 images 目录，并把素材图片复制到 images 目录中，如图 2-13 所示。

2 打开 index.wxml，添加两个 <image> 组件，并设置图片路径，效果如图 2-14 所示。

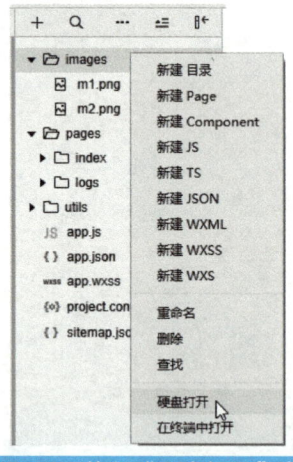

图 2-13 执行"硬盘打开"命令

图 2-14 添加两个 <image> 组件并设置图片路径后的效果

```
<image src="../../images/m1.png" class="pic1"></image>
<image src="../../images/m2.png" class="pic2"></image>
```

经验分享

页面中的 `<image src="../../images/m1.png">` 使用 ../../images 路径，是因为 images 目录与 pages 同级。如果 images 目录创建在 pages 内，那么路径应使用 ../images。

margin-left:-50rpx 的使用是正确的，有需要时，参数可以取负数。

3 打开 index.wxss，添加 .pic1、.pic2 等样式，实现页面效果，如图 2-15 所示。

```
.pic1{
    width:200rpx;
    height:200rpx;
}
.pic2{
    width:200rpx;
    height:200rpx;
}
```

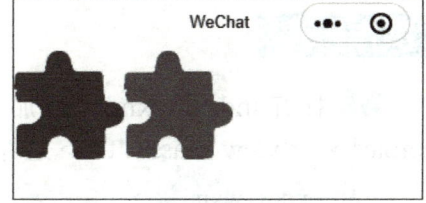

图 2-15　页面效果

4 打开 index.wxss，在 .pic2 样式代码中添加 "margin-left:-50rpx"，把拼图成功对接，如图 2-16 所示。

```
.pic2{
    width:200rpx;
    height:200rpx;
    margin-left:-50rpx;
}
```

图 2-16　拼图成功对接

知识链接

小程序支持两种引用图片的方法，一种是本地引用，一种是网络资源引用。

（1）本地引用

本地引用即加载本地的图片，例：

`<image src="../../images/m1.png">`

图片 "../../images/m1.png" 也可以写成 "/images/m1.png"，表示 m1.png 文件必须保存在当前项目的根目录的 images 子文件夹中。

（2）网络资源引用

网络资源引用即加载网络资源的图片，例：

`<image src=" https://www.baidu.com/img/bd_logo1.png">`

图片来自一个网址。

任务 9　表格布局

任务描述

完成一个表格的布局，如图 2-17 所示。
1）在页面中呈现一张成绩表。
2）第一行包括姓名、学号、成绩、评定。
3）设置若干行数据。

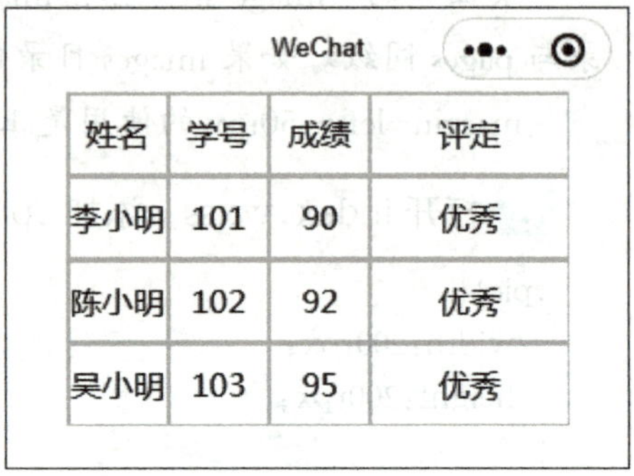

操作步骤

1 打开 index.wxml，添加 <view class="table">、<view class="tr"> 组件。

图 2-17　表格的布局

```
<!--index.wxml-->
<view class="table">
  <view class="tr">
    <view class="td1"> 姓名 </view>
    <view class="td2"> 学号 </view>
    <view class="td3"> 成绩 </view>
    <view class="td4"> 评定 </view>
  </view>
  <view class="tr">
    <view class="td1"> 李小明 </view>
    <view class="td2">101</view>
    <view class="td3">90</view>
    <view class="td4"> 优秀 </view>
  </view>
  <view class="tr">
    <view class="td1"> 陈小明 </view>
    <view class="td2">102</view>
    <view class="td3">92</view>
    <view class="td4"> 优秀 </view>
  </view>
  <view class="tr">
    <view class="td1"> 吴小明 </view>
    <view class="td2">103</view>
    <view class="td3">95</view>
    <view class="td4"> 优秀 </view>
  </view>
</view>
```

> **经验分享**
>
> 在代码编辑时,必须养成代码缩进的习惯,这是代码管理的规范要求。

2 打开 index.wxss,添加 .table、.tr 等样式,实现页面效果。

```
/**index.wxss**/
.table{
    padding:auto;
    width:100%;
    text-align:center;
}
.tr{
    margin:0 10% 0 10%;
    display:flex;
    border:1rpx solid rgb(136, 236, 111);
    height:100rpx;
    line-height:100rpx;
}
.td1{
    width:20%;
    border:1rpx solid rgb(136, 236, 111);
}
.td2{
    width:20%;
    border:1rpx solid rgb(136, 236, 111);
}
.td3{
    width:20%;
    border:1rpx solid rgb(136, 236, 111);
}
.td4{
    width:40%;
    border:1rpx solid rgb(136, 236, 111);
}
```

知识链接

- Border 的定义与用法

    Border 一般设置 3 个参数,分别指定边框的宽度、边框的样式、边框的颜色。

    例:

    border:1rpx solid rgb(255,0,0);

    边框的宽度为 1rpx,边框的样式为 solid,solid 呈现为实线,边框的颜色为红色。

- 尺寸单位 rpx（Responsive Pixel）。

  规定屏幕宽为 750rpx。

  例如在 iPhone 6 上，屏幕宽度为 375px，共有 750 个物理像素，则 750rpx = 375px = 750 物理像素，1rpx = 0.5px = 1 物理像素。

任务 10　图文样图布局

任务描述

实现图文样图布局的效果，如图 2-18 所示。

1）把一张图和一段文字置入页面中。
2）使用 float 让图片浮起来，与文本实现布局效果。
3）文本有首行缩进的效果。

操作步骤

1 在组件列表中，创建目录 images，并把图片复制到 images 目录中，如图 2-19 所示。

图 2-18　图文样图布局

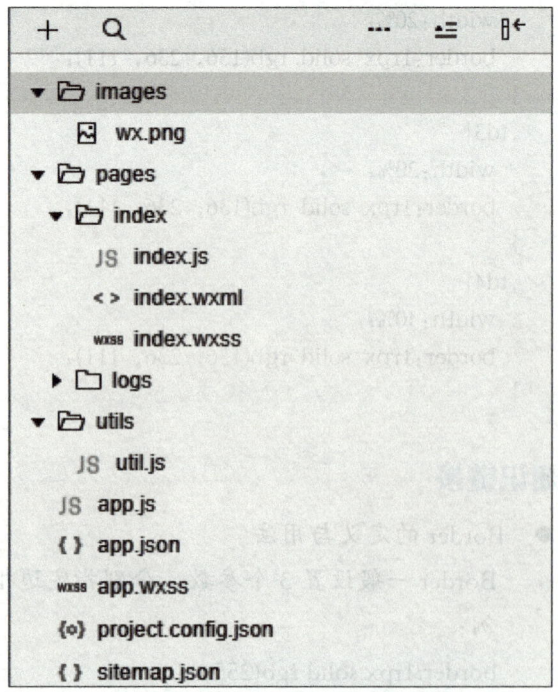

图 2-19　把图片复制到 images 目录中

项目2 布局入门

> **经验分享**
>
> 设置"float:left;"样式的图片，再使用"margin:20rpx;"，此时图片与周围的文本就有了 20rpx 的间距。

2 打开 index.wxml，添加 <image src="../../images/wx.png">、<view class="txt"> 组件，<view class="txt"> 组件包括一段文字，文字内容可随意输入。

```
<image src="../../images/wx.png" >
</image>
<view class="txt">
```
微信小程序是一种不用下载就能使用的应用，也是一项创新，经过将近两年的发展，已经构造了新的微信小程序开发环境和开发者生态。微信小程序也是这么多年来我国 IT 行业里一个真正能够影响到普通程序员的创新成果，已经有超过 150 万的开发者加入到微信小程序的开发，与我们一起共同发力推动微信小程序的发展，微信小程序的应用数量超过了一百万，覆盖 200 多个细分的行业，日活用户达到两个亿，微信小程序还在许多城市实现了支持地铁、公交服务。微信小程序的发展带来更多的就业机会，2017 年小程序带动就业 104 万人，社会效应不断提升。

```
</view>
```

3 打开 index.wxss，添加 image、.txt 等样式，实现视图效果，如图 2-19 所示。

```
image{
    width:300rpx;
    height:300rpx;
    float:left;
    margin:20rpx;
}
.txt{
    padding-top:10rpx;
    background-color:#ccc;
    text-indent:80rpx;
}
```

知识链接

- float 的定义与用法。

    float（浮动）往往用于图片。浮动的图片可以与文本排版出许多有用的效果。

    例：

    "float:left;" 图片浮动并靠左对齐，浮动的图片不遮挡文字。

- text-indent 的定义与用法。

    text-indent 属性规定文本块中首行文本的缩进。

    例：

    "text-indent:80rpx;" 文本块中的首行文本缩进 80rpx.

— 51 —

- 清除浮动。

  清除浮动时使用 clear 属性。

  元素浮动之后，后续的元素都因浮动而影响排列。为了避免这种情况，当需要清除浮动的影响时，可使用 clear 属性。

  例：

  "clear:both;" 属性指定元素两侧不能出现浮动元素。

项目总结

本项目讲解小程序界面布局的几种常见效果。在小程序布局中，WXML 文件提供了组件，WXSS 文件可设置各个组件的样式，决定组件的显示效果。

在 WXML 中，常用的 view 标签是 WXML 文件中的基础组件之一，使用方法类似于网页制作中的 div 标签。

本项目中用到的一部分样式包括：

line-height：设置行高。

text-align：对齐元素中的文本。

margin：在一个声明中设置所有外边距属性。

color：设置文本颜色。

border：设置边界的大小、线条形状、颜色。

float：设置元素浮动。

text-indent：规定文本块中首行文本的缩进。

此外，还有更多的样式应用，由于篇幅的限制，这里不一一列举。要学习和掌握更多的样式设置，达到专业技能水平，还须养成上网查阅并多操作多动手写代码进行实践的学习习惯。

拓展练习

拓展任务 1

6 个元素按样图效果实现布局，如图 2-20 所示。

1）页面划分为上、下两个区域，设有背景色和边界，宽度为屏幕的 90%，居中于屏幕。

2）第一个区域纵向显示 3 个子区域，宽度为容器的 90%。

3）第二个区域横向显示 3 个子区域，总宽度

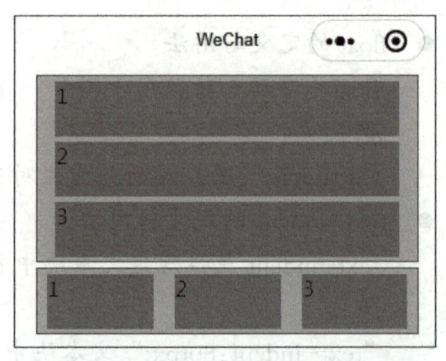

图 2-20　按样图效果实现布局（1）

适当，并留有间隙。

4）子区域设有背景色，内有数字编号。

拓展任务 2

元素按样图效果实现布局，如图 2-21 所示。

1）页面划分为上、中、下 3 个区域，设有背景色，宽度为屏幕的 100%。

2）第一个区域的同一行显示 5 个子区域，子区域设有背景色，文本居中。

3）第二个区域的同一行显示 5 个子区域，子区域设有背景色，文本居中。

4）第三个区域显示版权信息，设有背景色，字体颜色。

5）3 个区域之间留有间距。

拓展任务 3

参照具体需求说明，按样图完成内容页面的布局，如图 2-22 所示。

1）页面划分为上、下两部分。

2）上部分横向分布若干个子元素。

3）下部分分成左、中、右 3 个区域，左区域纵向排列若干个子元素，左右区域占宽较少。

4）各区域均设有背景色。

图 2-21　按样图效果实现布局（2）

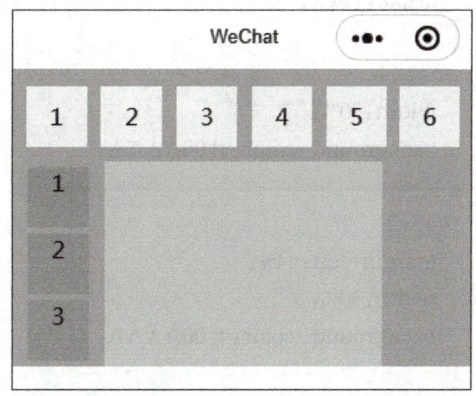

图 2-22　按样图完成内容页面的布局

拓展任务 4

在页面中设置两个 view，并使其左右对齐，一个靠左侧，一个靠右侧，中间留空，如图 2-23 所示。

1）设置两个 view，一个靠左侧，一个靠右侧。

2）左、右两个 view 的区域大小不超过 50%。

3）为文本区域设置背景色，内容于区域内水平且垂直居中。

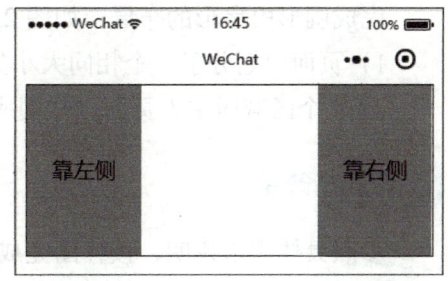

图 2-23　两个 view 左右对齐

4）文本内容自行设置。

提示参考：

```
<!--index.wxml-->
<view class="box">
  <view class="subbox">
    <view class="view1">靠左侧</view>
    <view class="view2">靠右侧</view>
  </view>
</view>
<!--index.wxss-->
.box{
  padding:auto;
  width:100%;
  text-align:center;
  line-height:300rpx;
  margin:0 auto;
}
.subbox{
  margin:0 2% 0 2%;
  border:1rpx solid #000;
  display:flex;
}
.view1{
  width:30%;
  background-color:#00AAAA;
}
.view2{
  margin-left:44%;
  width:30%;
  background-color:#00AAAA;
}
```

拓展任务 5

完成圆形田字形的布局，如图 2-24 所示。

1）页面中划分了 4 个相同大小的区域，各区域有边框、背景色等样式。

2）4 个区域居中于页面，并围成一个圆形田字形。

拓展任务 6

参照具体需求说明，按样图完成内容页面的布局，如图 2-25 所示。

1）在页面中灰色背景的区域内，排列了 6 个元素。

2）左、右两侧的元素宽度较小，中间的元素宽度较大。

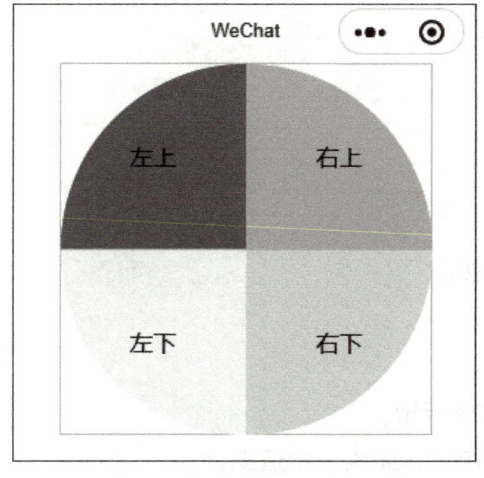

图 2-24 圆形田字形的布局

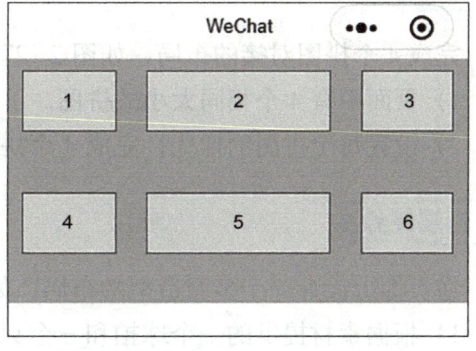

图 2-25 按样图完成内容页面的布局

提示参考：

box 内部的元素可使用"display:flex"和"justify-content:space-around"实现。

```
.box{
    background-color:#ccc;
    height:200rpx;
    text-align:center;
    display:flex;
    padding-top:20rpx;
    box-sizing:border-box;
}
```

拓展任务 7

参照具体需求说明，按样图完成内容页面的布局，如图 2-26 所示。

1）在页面上按两行平均分布显示多个 view 标签，当单击数字后，标签的背景和字体的颜色发生变化。

2）文本区域有圆角效果。

提示参考：

当单击数字后，标签的背景和字体的颜色发生变化，可以使用 :hover 实现。

```
.sbox:hover
{
```

图 2-26 按样图完成内容页面的布局

```
    background-color:green;
    color:red;
}
```

拓展任务 8

完成 4 个拼图对接的布局,如图 2-27 所示。

1) 页面中有 4 个相同大小的拼图。
2) 设置每个拼图的样式,完成 4 个拼图的对接。

拓展任务 9

在页面上设计一个多图造型的布局,如图 2-28 所示。

1) 根据素材提供的一个球拍和一个乒乓球的图片,完成一个造型。
2) 两个球拍左、右对称,乒乓球位于适当的位置。

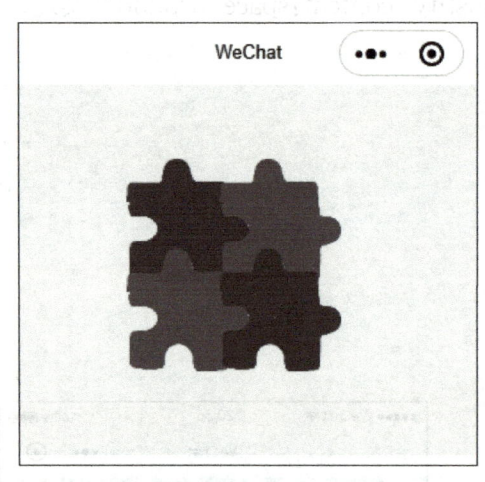

图 2-27　4 个拼图对接的布局

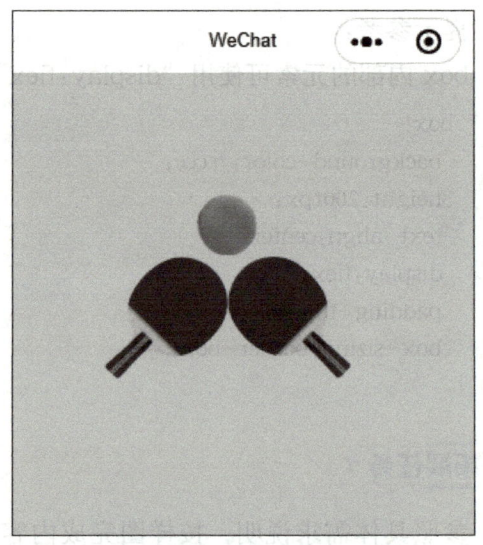

图 2-28　多图造型的布局

项目 3

界面设计

项目情景

要熟练掌握小程序界面的设计，需要有明确的目标。市面上存在许多优秀的小程序作品，当用户打开小程序时，首先会感受到界面的效果，有创意的界面设计容易吸引用户。学习小程序的界面设计时，可以仿造一些人气高的小程序作品的界面，这是提高小程序界面设计技能的一个很好的方法。本项目收集了多个小程序的界面设计任务，引导初学者由浅到深地开展作品设计的技能学习，从模拟实用作品的设计开始，渐渐掌握各种界面设计的技能点，提升小程序界面的布局工作技能。

学习目标

通过本项目的学习，能够掌握市面上小程序多种常见的界面设计技能。

任务 1 "学校场室展示"设计

任务描述

实现"学校场室展示"界面设计，如图 3-1 所示。

1) 具有 8 个场室的图片与标题文本，图片在标题上方，每行 4 个。
2) 设置适当的背景色。
3) 文本对齐于对应的图片。

操作步骤

1 在组件列表窗口中,创建文件夹 images,再把准备好的图片素材复制到文件夹中,如图 3-2 所示。

图 3-1 "学校场室展示"界面

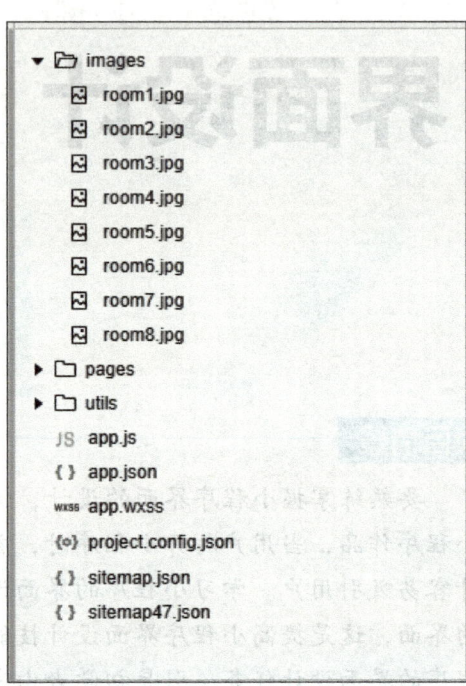

图 3-2 把图片素材复制到文件夹中

2 打开 index.wxml,添加 <view class="box">、<view class="sbox">,以及要用到的 <image>、<text> 等组件。

```
<view class="box">
    <view class="sbox">
        <image src="../../images/room1.jpg"></image>
        <text> 操场 </text>
    </view>
    <view class="sbox">
        <image src="../../images/room2.jpg"></image>
        <text> 电脑室 </text>
    </view>
    <view class="sbox">
        <image src="../../images/room3.jpg"></image>
        <text> 宿舍楼 </text>
    </view>
    <view class="sbox">
        <image src="../../images/room4.jpg"></image>
        <text> 大礼堂 </text>
```

```
    </view>
  </view>
  <view class="box">
    <view class="sbox">
      <image src="../../images/room5.jpg"></image>
      <text> 大讲台 </text>      </view>
    <view class="sbox">
      <image src="../../images/room6.jpg"></image>
      <text> 舞蹈室 </text>      </view>
    <view class="sbox">
      <image src="../../images/room7.jpg"></image>
  <text>102 室 </text>    </view>
    <view class="sbox">
      <image src="../../images/room8.jpg"></image>
      <text> 校外景 </text>      </view>
  </view>
  <view class="title"> 校园场室介绍 </view>
```

> **经验分享**
>
> ● space-betwee 应用。
>
> 　使用"display: flex;justify-content: space-between;"可以很容易地处理容器中子元素间的空白。
>
> ● 复制图片技巧。
>
> 　复制图片到项目中时，在操作系统的资源管理器中进行效率更高。

3 打开 index.wxss，添加 .box、image、.sbox、text、.title 等样式。

```
.box{
  display:flex;
  background-color:#ccc;
  height:200rpx;
  text-align:center;
  justify-content:space-between;
  padding-top:20rpx;
  box-sizing:border-box;
  margin-top:30rpx;
}
image{
  width:100%;
  height:100%;
}
.sbox{
```

```
    width:200rpx；
    height:100rpx；
    line-height:100rpx；
    margin-left:30rpx；
    margin-top:10rpx；
    margin-right:30rpx；
}
text{
    margin-top:-50rpx；
    display:block；
}
.title{
    margin-top:10rpx；
    text-align:center；
    background-color:greenyellow；
}
```

知识链接

（1）<image> 支持哪些图片格式

支持的图片格式包括 jpg、jpeg、gif、png 及位图 bmp 等。

（2）样式中 % 的应用

在 <image> 样式设置中，"width:100%;"定义基于包含块（父元素）宽度的百分比宽度。

例：

```
image{
  width:100%；
  height:100%；
}
```

<image> 的图片大小宽度为父元素的 100%，高度也是父元素的 100%。

很多属性的取值可以使用 %，如 width、height、padding、margin、font-size、line-height 等。

任务 2 "我的订单"设计

任务描述

实现"我的订单"界面设计，如图 3-3 所示。

1）文本"我的订单"左对齐，字体加粗。

2）文本"全部"和小箭头图标右对齐。

3）"我的订单"高度为100rpx，本行整体内容居中于屏幕，左、右留有适当的边距，下边框设为浅灰色。

4）添加"待付款""待发货""待收货""待评价""售后"等标题和图标，高度为100rpx，本行整体内容居中于屏幕，左、右留有适当的边距，下边框设为浅灰色。

图3-3 "我的订单"界面

操作步骤

1 打开index.wxml，添加 <view class="top"> 等组件。

```
<view class="top">
  <view class="topMyorder">我的订单</view>
  <view class="topAll">
    <text> 全部 </text>
    <view class="topAllimav"> <image src="../../images/arrow.png" class="topAllima"></image></view>
  </view>
</view>
```

> **经验分享**
>
> 小箭头的图标用于布局装饰，有时会达到很好的视觉效果。

2 打开index.wxss，添加.top、.topMyorder、.toptxt、.topAll、.topAllimav、.topAllima等样式，实现界面效果，如图3-4所示。

```
.top{
  height:60rpx;
  margin:10rpx 20rpx 0 20rpx;
  display:flex;
  justify-content:space-between;
  padding:20rpx 30rpx 20rpx 30rpx;
```

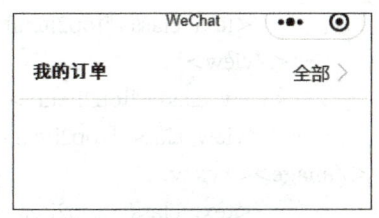

图3-4 界面效果

```
      border-bottom:1rpx solid rgba(184, 181, 181, 0.61);
    }
    .topMyorder{
      font-family:SimHei;
      font-weight:bold;
    }
    .toptxt{
      color:hsl(0, 6%, 79%);
    }
    .topAll{
      display:flex;
    }
    .topAllimav{
      height:50rpx;
      width:50rpx;
    }
    .topAllima{
      height:100%;
      width:100%;
    }
```

3 打开 index.wxml，添加 <view class="top2"> 等组件。

```
    <view class="top2">
      <view class="top2item">
        <view class="top2itemmav"> <image src="../../images/p1.png" class= "top2itemima"></image></view>
        <text class="top2itemtxt">待付款</text>
      </view>
      <view class="top2item">
        <view class="top2itemmav"> <image src="../../images/p2.png" class= "top2itemima"></image></view>
        <text class="top2itemtxt">待发货</text>
      </view>
      <view class="top2item">
        <view class="top2itemmav"> <image src="../../images/p3.png" class= "top2itemima"></image></view>
        <text class="top2itemtxt">待收货</text>
      </view>
      <view class="top2item">
        <view class="top2itemmav"> <image src="../../images/p4.png" class= "top2itemima"></image></view>
        <text class="top2itemtxt">待评价</text>
      </view>
```

项目 3 界面设计

```
        <view class="top2item">
            <view class="top2itemmav"> <image src="../../images/p5.png" class= "top2itemima">
</image></view>
            <text class="top2itemtxt">售后</text>
        </view>
    </view>
```

4 打开 index.wxss,添加 .top2、.top2itemmav、.top2itemima、.top2itemtxt 等样式,实现界面效果。

```
.top2{
    height:130rpx;
    margin:0 20rpx 20rpx 20rpx;
    display:flex;
    justify-content:space-between;
    padding:20rpx 30rpx 20rpx 30rpx;
    border-bottom:1rpx solid rgba(184, 181, 181, 0.61);
}
.top2itemmav{
    height:70rpx;
    width:130rpx;
    box-sizing:border-box;
    padding:0 10rpx;
    text-align:center;
}
.top2itemima{
    height:100%;
    width:70%;
}
.top2itemtxt{
    margin-top:30rpx;
    width:130rpx;
    display:block;
    text-align:center;
    font-size:35rpx;
}
```

知识链接

- border 的应用。

    在样式设置中,界面中的横线、竖线都可以用 border 实现。

    例:

    "border-bottom: 1rpx solid red;"设置下边框的粗细为 1rpx、线型为实线、颜色为红色。

border-top 设置上边框的粗细、线型、颜色。
border-bottom 设置下边框的粗细、线型、颜色。
border-left 设置左边框的粗细、线型、颜色。
border-right 设置右边框的粗细、线型、颜色。

- font-family 的应用。

font-family 属性指定元素的字体。

例：

font-family:"Times New Roman",Georgia,Serif;

在 CSS 中，font-family 属性允许写一个或多个字体名称，这种做法有着一定的优势。当用户的浏览器可能不支持所指定的第一种字体时，浏览器将尝试用下一个字体，直到找到一个可用的字体为止。这确保了即使在不同的设备和浏览器上，网页的文本也能以可接收的字体显示。

任务 3　"主播带货"设计

任务描述

实现"主播带货"界面设计，如图 3-5 所示。

图 3-5 "主播带货"界面

1) 文本"主播带货"左对齐，字体加粗。
2) 文本"全部"和小箭头图标右对齐。
3) 文本"主播带货"右侧有另一种颜色的文本，如"每日有新鲜"。
4) "主播带货"栏高度为 100rpx，居中于屏幕，左、右留有适当的边距，下边框设为浅灰色。
5) 添加"关注""发现""爆款""直播"等标题和图标，高度适当，居中于屏幕，左、右留有适当的边距，下边框设为绿色。

操作步骤

1 打开 index.wxml，添加 <view class="top">、<view class="toptxt">、<view class="topAll"> 等组件。

```
<view class="top">
    <view class="toptxt">
        <text class="txt"> 主播带货 </text>
        <text> 每日有新鲜 </text>
    </view>
    <view class="topAll">
        <text> 全部 </text>
        <view class="topAllimav"> <image src="../../images/arrow.png" class= "topAllima">
</image></view>
    </view>
</view>
```

2 打开 index.wxss，添加 .top、.toptxt、.topAll、.topAllimav、.topAllima、.txt 等样式，实现界面效果，如图 3-6 所示。

图 3-6　界面效果

```
.top{
    height:60rpx;
    margin:10rpx 20rpx 0 20rpx;
    display:flex;
    justify-content:space-between;
    padding:20rpx 30rpx 20rpx 30rpx;
    border-bottom:1rpx solid rgba(184, 181, 181, 0.61);
}
.toptxt{
    color:hsl(110, 94%, 45%);
}
.topAll{
    display:flex;
}
.topAllimav{
    height:50rpx;
    width:50rpx;
}
.topAllima{
    height:100%;
    width:100%;
}
```

```
.txt{
    font-weight:bold;
    color:black;
}
```

经验分享

适当地设置字体的粗细与颜色，也会达到很好的视觉效果。

3 打开index.wxml，添加<view class="top2">、<view class="top2item">等组件。

```
<view class="top2">
    <view class="top2item">
        <view class="top2itemav"> <image src="../../images/t1.png" class= "top2itemima"></image></view>
        <text class="top2itemtxt">关注</text>
    </view>
    <view class="top2item">
        <view class="top2itemav"> <image src="../../images/t2.png" class= "top2itemima"></image></view>
        <text class="top2itemtxt">发现</text>
    </view>
    <view class="top2item">
        <view class="top2itemav"> <image src="../../images/t3.png" class= "top2itemima"></image></view>
        <text class="top2itemtxt">爆款</text>
    </view>
    <view class="top2item">
        <view class="top2itemav"> <image src="../../images/t4.png" class= "top2itemima"></image></view>
        <text class="top2itemtxt">直播</text>
    </view>
</view>
```

4 打开index.wxss，添加.top2、.top2itemav、.top2itemima、.top2itemtxt等样式，实现界面效果。

```
.top2{
    height:130rpx;
    margin:0 20rpx 20rpx 20rpx;
    display:flex;
    justify-content:space-between;
```

```
    padding:20rpx 30rpx 20rpx 30rpx;
    border-bottom:1rpx solid hsl(110, 94%, 45%);
}
.top2itemmav{
    height:70rpx;
    width:130rpx;
    box-sizing:border-box;
    padding:0 10rpx;
    text-align:center;
}
.top2itemima{
    height:100%;
    width:70%;
}
.top2itemtxt{
    margin-top:30rpx;
    width:130rpx;
    display:block;
    text-align:center;
    font-size:35rpx;
}
```

知识链接

- font-weight 的应用。

  font-weight 属性用于设置显示元素文本中所用的字体加粗。

  例：

  "font-weight:bold;" 定义粗体字符。

  "font-weight:700;" 定义字符粗细为 700。

- color 的应用。

  color 属性用于设置元素文本的颜色。

  例：

  "color:black;" 设置元素文本的颜色为 black。

- display:block 的应用。

  block 元素会独占一行。

  默认情况下，block 元素的宽度自动填满其父元素宽度。

  block 元素可以设置 width、height 属性。设置了宽度，仍然是独占一行。

  block 元素可以设置 margin 和 padding 属性。

任务 4 "常用工具"设计

任务描述

实现"常用工具"界面设计，如图 3-7 所示。

1）文本"常用工具"左对齐，字体加粗。

2）"抢红包"等 8 个标题和图标呈两行排列，居中于屏幕，左右留有适当的边距，高度适当。

3）添加"点赞""评议"标题和图标，高度适当，本行内容整体居中于屏幕，左、右留有适当的边距，上边框设为浅灰色。

操作步骤

1 打开 index.wxml 文件，添加 <view class="mid">、<view class="mid1"> 等组件。

图 3-7 "常用工具"界面

```
<view class="mid">
  <view class="topMytools">常用工具 </view>
</view>
<view class="mid1">
  <view class="top2item">
    <view class="top2itemmav"> <image src="../../images/ca1.png" class= "top2itemima">
</image></view>
    <text class="top2itemtxt">抢红包 </text>
  </view>
  <view class="top2item">
    <view class="top2itemmav"> <image src="../../images/ca2.png" class= "top2itemima">
</image></view>
    <text class="top2itemtxt">优惠 </text>
  </view>
```

2 打开 index.wxss 文件，添加 .topMytools、.top2itemmav、.top2itemima、.top2itemtxt、.mid、.mid1 等样式，实现界面效果，如图 3-8 所示。

图 3-8 界面效果（1）

```
.topMytools{
  font-family:SimHei;
  font-weight:bold;
}
```

```
.top2itemmav{
  height:90rpx;
  width:150rpx;
  box-sizing:border-box;
  padding:0 10rpx;
  text-align:center;
}
.top2itemima{
  height:100%;
  width:70%;
}
.top2itemtxt{
  margin-top:30rpx;
  width:150rpx;
  display:block;
  text-align:center;
  font-size:35rpx;
}
.mid{
  height:60rpx;
  margin:10rpx 20rpx 0 20rpx;
  display:flex;
  justify-content:space-between;
  padding:20rpx 30rpx 20rpx 30rpx;
  border-bottom:1rpx solid rgba(218, 211, 211, 0.74);
}
.mid1{
  height:60rpx;
  margin:10rpx 20rpx 0 20rpx;
  display:flex;
  justify-content:space-between;
  padding:20rpx 30rpx 20rpx 30rpx;
}
```

3 打开 index.wxml 文件，添加 <view class="mid2"> 组件。

```
<view class="mid2">
  <view class="top2item">
    <view class="top2itemmav"> <image src="../../images/ca5.png" class= "top2itemima"></image></view>
    <text class="top2itemtxt"> 服务中心 </text>
  </view>
```

```
        <view class="top2item">
            <view class="top2itemmav"> <image src="../../images/ca6.png" class= "top2itemima">
</image></view>
                <text class="top2itemtxt">新人特权 </text>
        </view>
        <view class="top2item">
            <view class="top2itemmav"> <image src="../../images/ca7.png" class= "top2itemima">
</image></view>
                <text class="top2itemtxt">采购名片 </text>
        </view>
        <view class="top2item">
            <view class="top2itemmav"> <image src="../../images/ca8.png" class= "top2itemima">
</image></view>
                <text class="top2itemtxt">同款低价 </text>
        </view>
</view>
```

4 打开 index.wxss 文件，添加 .mid2 样式，实现界面效果，如图 3-9 所示。

```
.mid2{
    height:60rpx;
    margin:90rpx 20rpx 0 20rpx;
    display:flex;
    justify-content:space-between;
    padding:20rpx 30rpx 60rpx 30rpx;
}
```

图 3-9　界面效果（2）

> **经验分享**
>
> display:flex;
>
> justify-content:space-between;
>
> 设置之后，当前容器内的元素空白平均分布于元素之间。

5 打开 index.wxml 文件，添加 <view class="mid3"> 组件。

```
<view class="mid3">
    <view class="top2item">
        <view class="top2itemmav"> <image src="../../images/ch1.png" class= "top2itemima">
</image></view>
            <text class="top2itemtxt">点赞 </text>
    </view>
    <view class="top2item">
        <view class="top2itemmav"> <image src="../../images/ch2.png" class= "top2itemima">
</image></view>
```

项目 3　界面设计

```
        <text class="top2itemtxt">评议</text>
    </view>
</view>
```

6 打开 index.wxss 文件，添加 .mid3 样式，实现界面效果，如图 3-10 所示。

```
.mid3{
    border-top:1rpx solid rgb(180, 174, 174);
    height:60rpx;
    margin:90rpx 20rpx 0 20rpx;
    display:flex;
    justify-content:space-around;
    padding:60rpx 30rpx 20rpx 30rpx;
}
```

图 3-10　界面效果（3）

知识链接

下面介绍 box-sizing 的应用。

例：

"box-sizing: border-box;" 元素指定的任何内边距和边框都将在已设定的宽度和高度内进行绘制。

"box-sizing:content-box;" 在宽度和高度之外绘制元素的内边距和边框。

任务 5　"专业资讯"设计

任务描述

实现"专业资讯"界面设计，如图 3-11 所示。

1）"专业资讯"区域无背景，下边框为蓝色。

2）"专业资讯"文本左对齐，字体白色，文本背景色为蓝色。

3）每行信息都包括图标、序号、内容、图标。左、右留有适当的边距，高度适当。

4）前 3 行图标与其他行不相同，序号样式也不相同。

5）每行信息都有下边框。

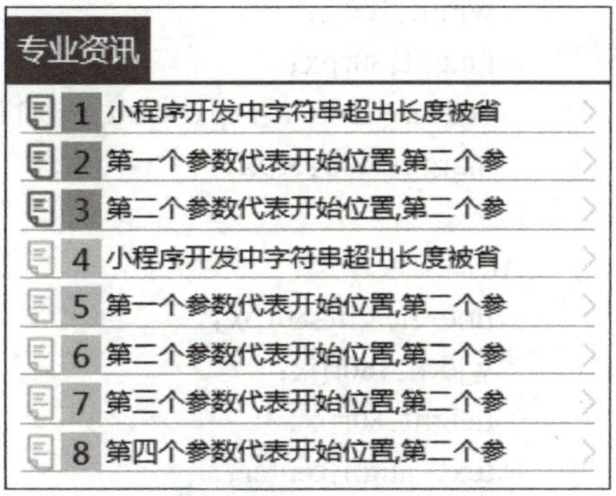

图 3-11　"专业资讯"界面

操作步骤

1 打开新建的 index.wxml 文件，添加 <view class="vhead">、<view class="ite"> 等组件，并用 wx:for 渲染数组信息。

```
<view class="vhead">
    <view class="tit"> 专业资讯 </view>
</view>
<view wx:for="{{[' 小程序开发中字符串超出长度被省 ',' 第一个参数代表开始位置，第二个参 ',' 第二个参数代表开始位置，第二个参 ']}}">
    <view class="ite">
        <image src="../../images/newshot.png" class="ico"></image>
        <text class="txtsub">{{index+1}}</text> <text class="txt">{{item}}</text>
        <image src="../../images/arrow.png" class="ico icoarrow"></image>
    </view>
</view>
<view wx:for="{{[' 小程序开发中字符串超出长度被省 ',' 第一个参数代表开始位置，第二个参 ',' 第二个参数代表开始位置，第二个参 ',' 第三个参数代表开始位置，第二个参 ',' 第四个参数代表开始位置，第二个参 ']}}">
    <view class="ite">
        <image src="../../images/news.png" class="ico"></image>
        <text class="txtsub2">{{index+4}}</text> <text class="txt">{{item}}</text>
        <image src="../../images/arrow.png" class="ico icoarrow"></image>
    </view>
</view>
```

经验分享

使用 wx:for 渲染时，长度取决于数组的长度；{{index}} 的值相当于数组下标值。

2 打开 index.wxss 文件，添加 .vhead、.tit 等样式，实现界面效果。

```
.vhead{
    width:100%;
    height:80rpx;
    border-bottom:5rpx solid rgb(11, 82, 236);
    margin-top:5rpx;
}
.tit{
    line-height:80rpx;
    width:180rpx;
    height:80rpx;
    text-align:center;
    background-color:rgb(11, 82, 236);
    color:white;
```

```
}
.ite{
  display:flex;
  margin:10rpx auto;
  border-bottom:1rpx solid rgb(7, 226, 18);
  width:95%;
}
.ico{
  width:50rpx;
  height:50rpx;
}
.icoarrow{
  position:absolute;
  right:0;
}
.txt{
   font-size:35rpx;
}
.txtsub{
  display:initial;
  width:50rpx;
  text-align:center;
  background-color:rgba(255, 145, 0, 0.925);
}
.txtsub2{
  display:initial;
  width:50rpx;
  text-align:center;
  background-color:rgba(166, 222, 240, 0.925);
}
```

知识链接

下面介绍列表渲染 wx:for。

在组件上使用 wx:for 控制属性绑定一个数组，即可使用数组中各项的数据重复渲染该组件。

默认数组的当前项的下标变量名默认为 index，数组当前项的变量名默认为 item。

例：

```
<view wx:for="{{['a','b','c']}}">
{{index}}{{item}}
</view>
```

页面将显示：
0a
1b
2c

任务6　"商品活动展示"设计

任务描述

实现"商品活动展示"界面设计，如图3-12所示。

1）区域顶部的文字可以适当设置样式，也可以采用默认的设置。

2）为商品图片区域设置背景色。

3）商品图片和标题名称每行3个，分两行排列，商品图片可根据情况自行选用，但必须统一高度和宽度，每个图片都有一个稍宽的底色区域。

4）在商品标题名称底部设置一个横线进行装饰，且对应的商品图片居中对齐，字体白色，文本背景色为蓝色。

图3-12　"商品活动展示"界面

操作步骤

1 打开新建的 index.wxml 文件，添加 <view class="lucky">、<view class= "luckyg"> 等组件。

```
<view> 活动倒计时 </view>
<view>2 天 8 小时 25 分 {{vd1}} 秒 </view>
<!-- 以下为参加活动商品内容 -->
<view class="lucky">
  <view class="luckyg">
    <view class="luckygima"><image src="../../images/g1.png"></image></view>
    <view class="luckytxt">商品 1</view>
  </view>
  <view class="luckyg">
    <view class="luckygima"><image src="../../images/g2.png"></image></view>
    <view class="luckytxt"> 商品 2</view>
  </view>
  <view class="luckyg">
```

```
        <view class="luckygima"><image src="../../images/g3.png"></image></view>
        <view class="luckytxt"> 商品 3</view>
    </view>
    <view class="luckyg">
        <view class="luckygima"><image src="../../images/g4.png"></image></view>
        <view class="luckytxt"> 商品 4</view>
    </view>
    <view class="luckyg">
        <view class="luckygima"><image src="../../images/g4.png"></image></view>
        <view class="luckytxt"> 商品 5</view>
    </view>
    <view class="luckyg">
        <view class="luckygima"><image src="../../images/g4.png"></image></view>
        <view class="luckytxt"> 商品 6</view>
    </view>
</view>
```

2 打开 index.wxss 文件，添加 .lucky、.luckyg、luckygima、.luckytxt 等样式，实现界面效果，如图 3-13 所示。

图 3-13　界面效果

```
.lucky{
    background-color:rgb(0, 238, 255);
    display:flex;
    flex-direction:row;
    flex-wrap:wrap;
    justify-content:space-around;
    padding-bottom:10rpx;
}
.luckyg{
    margin-top:10rpx;
    width:30%;
    height:300rpx;
    background-color:RGB(240, 3, 240);
}
.luckygima{
    width:100%;
    height:80%;
    background-color:rgba(32, 209, 240, 0.466);
    text-align:center;
}
.luckytxt{
    background-color:rgb(0, 238, 255);
    text-align:center;
```

```
}
image{
    width:75%;
    height:100%;
}
```

> **经验分享**
>
> image 组件设置为 width:75%，表示 image 的宽度为父级元素的 75%。

知识链接

（1）flex-wrap 的应用

flex-wrap 属性规定 flex 容器是单行或者多行。

例：

display: flex;

flex-wrap: wrap;

让弹性盒元素在必要的时候换行，若把"flex-wrap: wrap;"改为"flex-wrap:nowrap;"，则不换行。

（2）flex-direction 的应用

flex-direction 属性规定项目的方向。

例：

display: flex;

flex-direction: row;

项目将水平显示。

例：

display: flex;

flex-direction: column;

项目将垂直显示。

任务 7　"自定义底部导航"设计

任务描述

实现"自定义底部导航"界面设计，如图 3-14 所示。

1）商品图片和标题居中显示于页面中。

2）自定义底部导航栏，设置背景色。

3）底部导航栏内平均分布 5 个图标和标题，样式适当。

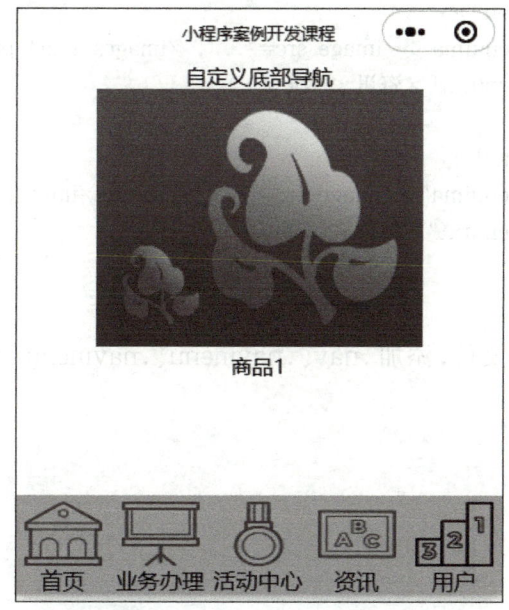

图 3-14 "自定义底部导航"界面

操作步骤

1 打开新建的 index.wxml 文件，添加 <view class="nav">、<view class= "navmenu"> 等组件。

```
<view> 自定义底部导航 </view>
<image src="../../images/g1.png" class="tp" ></image>
<view> 商品 1</view>
<!-- 以下为底部导航栏内容 -->
<view class="nav">
  <view class="navmenu">
    <view class="navmenuima"><image src="../../images/ima1.png"></image></view>
    <view class="navmenutxt"> 首页 </view>
  </view>
  <view class="navmenu">
    <view class="navmenuima"><image src="../../images/ima2.png"></image></view>
    <view class="navmenutxt"> 业务办理 </view>
  </view>
  <view class="navmenu">
    <view class="navmenuima"><image src="../../images/ima3.png"></i mage></view>
    <view class="navmenutxt"> 活动中心 </view>
```

```
    </view>
    <view class="navmenu">
      <view class="navmenuima"><image src="../../images/ima4.png"></image></view>
      <view class="navmenutxt">资讯</view>
    </view>
    <view class="navmenu">
      <view class="navmenuima"><image src="../../images/ima5.png"></image></view>
      <view class="navmenutxt">用户</view>
    </view>
</view>
```

2 打开 index.wxss 文件，添加 .nav、.navmenu、.navmenuima、.navmenutxt 等样式，实现界面效果。

```
page{
  text-align:center;
}
.tp{
  width:500rpx;
  height:400rpx;
}
/* 以下为底部导航栏 */
.nav{
  width:100%;
  display:flex;
  background-color:rgb(109, 228, 109);
  justify-content:space-around;
  position:absolute;
  bottom:0;
  padding-top:10rpx;
}
.navmenu{
  background-color:red;
  width:18%;
  height:100rpx;
}
.navmenuima{
  width:150rpx;
  height:100rpx;
  text-align:center;
}
.navmenutxt{
  width:150rpx;
  text-align:center;
  font-size:35rpx;
```

```
}
image{
    width:80%;
    height:100%;
}
```

知识链接

下面介绍 position:absolute 的应用。

"position:absolute;"生成绝对定位的元素，相对于 static 定位以外的第一个父元素进行定位。

元素的位置通过 left、top、right 以及 bottom 属性进行规定。

例：

position:absolute;

bottom:0;

元素的位置绝对定位于距离下边距为 0 的位置。

任务 8　"课程简介"设计

任务描述

实现"课程简介"界面设计，如图 3-15 所示。

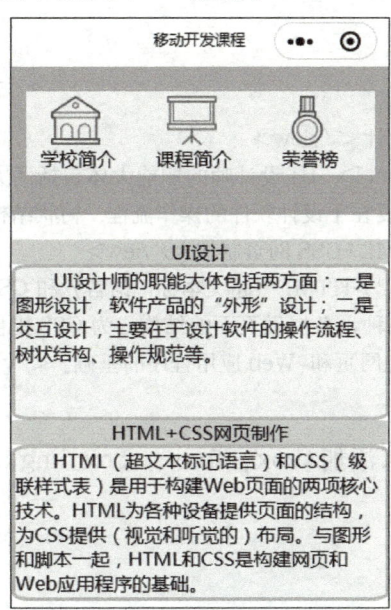

图 3-15　"课程简介"界面

1）页面上方区域设有适当的背景色，包含 3 个导航图片和标题，居中均匀分布。

2）课程区域占页面大部分区域，列出课程信息，每个课程信息都包括课程名称和简介内容。

3）为课程名称设置背景色等样式。

4）课程简介内容有背景色、边框，且首行缩进两个字符。

操作步骤

1 在组件列表窗口中创建文件夹 images，再把准备好的图片素材复制到文件夹中。

2 打开新建的 hotsell.wxml 文件，添加 <view class="box">、<view class="sbox">、<view class="container">、<view class="course">、<view class="course_content">，以及多个 <image>、<text> 等组件。

```
<view class="box">
  <view class="sbox" >
    <image class="sbox_img" src="../../images/ima1.png"></image>
    <text class="txt">学校简介</text>
  </view>
  <view class="sbox">
    <image class="sbox_img" src="../../images/ima2.png"></image>
    <text class="txt">课程简介</text>
  </view>
  <view class="sbox">
    <image class="sbox_img" src="../../images/ima3.png"></image>
    <text class="txt">荣誉榜</text>
  </view>
</view>
<view class="container">
<view class="course">UI 设计</view>
  <view class="course_content"> UI 设计师的职能大体包括两方面：一是图形设计，软件产品的"外形"设计；二是交互设计，主要在于设计软件的操作流程、树状结构、操作规范等。</view>
  <view class="course"> HTML+CSS 网页制作</view>
  <view class="course_content">HTML（超文本标记语言）和 CSS（级联样式表）是用于构建 Web 页面的两项核心技术。HTML 为各种设备提供页面的结构，为 CSS 提供（视觉和听觉的）布局。与图形和脚本一起，HTML 和 CSS 是构建网页和 Web 应用程序的基础。</view>
</view>
```

3 打开 index.wxss 文件，添加 .box、.sbox、.sbox_img、.txt、.course、.course_content 等样式，实现界面效果。

```
.box{
  display:flex;
  background-color:#ccc;
```

```
        height:200rpx;
        text-align:center;
        justify-content:space-between;
        padding:50rpx 30rpx;
    }
    .sbox{
        width:200rpx;
        height:150rpx;
        line-height:100rpx;
        background-color:yellow;
        padding:10rpx 50rpx;
    }
    .sbox_img{
        width:100rpx;
        height:100rpx;
        display:block;
    }
    .txt{
        margin-left:-25rpx;
        margin-top:-20rpx;
        display:block;
    }
    .course{
        background-color:#06ffff;
        text-align:center;
    }
    .course_content{
        width:98%;
        height:300rpx;
        background-color:yellow;
        border:3px solid #1ff600;
        border-radius:5%;
        text-indent:2em;
    }
```

知识链接

1em 并不固定等于多少像素，而是根据元素的字体大小设定的。一般，1em 就是 1 个字符的宽度。

例：

text-indent:2em;

将段落的第一行缩进 2em；"text-indent:50rpx;"表示将段落的第一行缩进 50rpx。

任务 9　"热卖推介"设计

任务描述

实现"热卖推介"界面设计，如图 3-16 所示。

1）文本"热卖推介"左对齐，有适当的左边距，左边跨出左侧的图片，底色透明，字体加粗。

2）左、右两张图成同一行排列，左图占 50% 以上，右图占 40% 以下，左、右留有适当的边距，高度适当。

操作步骤

1 打开新建的 hotsell.wxml 文件，添加 <view class="toptxt">、<view class="top"> 等组件。

```
<view class="toptxt"> 热卖推介 </view>
<view class="top">
    <view class="topL">
        <image src="../../images/hot1.png" class="topima"></image>
    </view>
    <view class="topR">
        <image src="../../images/hot2.png" class="topima"></image>
    </view>
</view>
```

图 3-16　"热卖推介"界面

2 打开新建的 hotsell.wxss 文件，添加 .top、.toptxt、.topL、.topR、.topima 等样式，实现界面效果，如图 3-17 所示。

```
.top{
    display:flex;
    justify-content:space-around;
}
.toptxt{
    background-color:rgba(36, 238, 36, 0.8);
    width:200rpx;
    position:absolute;
    color:red;
    top:50rpx;
    left:10rpx;
}
.topL{
```

图 3-17　界面效果（1）

```
        width:50%;
        height:400rpx;
    }
    .topR{
        width:30%;
        height:400rpx;
    }
    .topima{
        width:100%;
        height:100%;
        border-radius:5%;
    }
```

3 打开 hotsell.wxml 文件，添加 \<view class="mid"\>、\<view class="midL"\> 等组件。

```
<view class="mid">
    <view class="midL">
        <view class="midLA"><image src="../../images/mon.png" class="midLAim"></image></view>
        <view class="midLtxt1"> 百亿补贴 </view>
        <view class="midLtxt2"> 正品保障 </view>
    </view>
    <view class="midR">
        <view class="midRtxt"> 全部补贴品 </view>
        <view class="midRA"><image src="../../images/arrow.png" class="midLAim"></image></view>
    </view>
</view>
```

4 打开 hotsell.wxss 文件，添加 .mid、.midL、.midR、.midLA、.midLAim 等样式，实现界面效果，如图 3-18 所示。

```
.mid{
    margin-top:20rpx;
    margin-left:20rpx;
    display:flex;
    justify-content:space-between;
}
.midL{
    width:55%;
    height:100rpx;
    display:flex;
}
.midR{
```

图 3-18　界面效果（2）

```
    width:250rpx;
    height:100rpx;
    display:flex;
}
.midLA{
    width:50rpx;
    height:50rpx;
}
.midLAim{
    width:100%;
    height:100%;
}
.midRA{
    width:50rpx;
    height:50rpx;
}
.midLtxt1{
    font-weight:bold;
}
.midLtxt2{
    color:rgb(187, 184, 184);
}
.midRtxt{
    color:rgb(187, 184, 184);
}
```

5 打开 hotsell.wxml 文件，添加 \<view class="good"\>、\<view class="goodsub"\> 等组件。

```
<view class="good">
    <view class="goodsub">
        <view class="goodsubm"><image src="../../images/g1.png" class= "goodsubima"></image></view>
        <view class="goodsubtxt">
            <text class="txt1"> 补贴价 </text>
            <text class="txt2"> ￥188</text>
        </view>
    </view>
    <view class="goodsub">
        <view class="goodsubm"><image src="../../images/g2.png" class= "goodsubima"></image></view>
        <view class="goodsubtxt">
            <text class="txt1"> 补贴价 </text>
            <text class="txt2"> ￥288</text>
        </view>
```

```
            </view>
            <view class="goodsub">
                <view class="goodsubm"><image src="../../images/g3.png" class= "goodsubima">
</image></view>
                <view class="goodsubtxt">
                    <text class="txt1"> 补贴价 </text>
                    <text class="txt2"> ￥388</text>
                </view>
            </view>
            <view class="goodsub">
                <view class="goodsubm"><image src="../../images/g4.png" class= "goodsubima">
</image></view>
                <view class="goodsubtxt">
                    <text class="txt1"> 补贴价 </text>
                    <text class="txt2"> ￥588</text>
                </view>
            </view>
        </view>
```

经验分享

采用的是 flex 布局的方式，宽度 width 采用的是百分比 % 的形式，border、padding、margin 采用的是 rpx 尺寸，这样可能比较容易达到自适的效果。

6 打开 hotsell.wxss 文件，添加 .good、.goodsub 等样式，实现界面效果，如图 3-19 所示。

```
.good{
    display:flex;
    justify-content:space-around;
}
.goodsub{
    width:23%;
}
.goodsubm{
    width:100%;
    height:250rpx;
}
.goodsubima{
    width:100%;
    height:100%;
}
.goodsubtxt{
    font-size:30rpx;
```

图 3-19 界面效果（3）

```
    color:red;
}
.txt2{
    font-weight:bold;
}
```

知识链接

- position:absolute 的应用。

  例：

  position:absolute;

  top:50rpx;

  left:10rpx;

  通过 top 和 left 的值，即通过绝对定位（absolute）的方式，把元素的位置定位于 top:50rpx（距离上边界 50rpx）和 left:10rpx（距离左边界 10rpx）的页面位置上。

- font-size 的应用。

  font-size 属性可设置字体的尺寸。

  例：

  "font-size:30rpx;"表示将字体尺寸设置为 30rpx。

任务 10 "花卉欣赏"设计

任务描述

实现"花卉欣赏"界面设计，如图 3-20 所示。

1) 页面显示两部分内容：一部分是"花卉欣赏"和两张花卉图；另一部分是"花卉欣赏"和 3 张花卉图。

2) 两部分的内容都来自其他子页面，采用导入的方式，显示于共同页面。

3) 每张图片中均有图片标题，标题背景色有透明效果。

4) 同一行图片间隔的空白均匀分布。

操作步骤

1 打开 app.json 文件，在 pages 内添加 "pages/flower/index"，然后保存为 app.json 文件。

图 3-20 "花卉欣赏"界面

项目 3　界面设计

```
"pages":[
    "pages/flower/index",
    "pages/index/index",
    "pages/logs/logs"
],
```

2 打开 pages/flower/index.wxml 文件，添加 <view class="title">、<view class="boxsub"> 以及图片和 text 等组件。

```
<!--pages/flower/index.wxml-->
<view class="title"> 花卉欣赏 </view>
<view class="boxsub">
<view>
  <image src="../../images/g1.jpg" class="goods"></image>
  <text class="txt"> 花卉 1</text>
</view>
 <view>
  <image src="../../images/g2.jpg" class="goods"></image>
  <text class="txt"> 花卉 2</text>
</view>
</view>
```

3 打开 pages/flower/index.wxss 文件，添加 .title、.box、.goods、.txt 等样式，实现一行排列两个图片的效果，如图 3-21 所示。

图 3-21　排列两个图片的效果

```
.title{
    background-color:rgb(119, 200, 238);
    width:90%;
    margin:0 auto;
    padding-left:20rpx;
}
```

```
.box{
    height:360rpx;
    display:flex;
    justify-content:space-evenly;
    margin-bottom:20rpx;
    margin-top:20rpx;
}
.goods{
    display:block;
    width:320rpx;
    height:360rpx;
}
.txt{
    margin-top:-100rpx;
    display:block;
    background-color:rgba(119, 200, 238, 0.671);
    color:white;
    width:100%;
    z-index:99rpx;
}
```

4 打开 app.json 文件，在 pages 内添加 "pages/flowershow/index"，然后保存为 app.json 文件。

```
"pages":[
    "pages/flowershow/index",
    "pages/flower/index",
    "pages/index/index",
    "pages/logs/logs"
],
```

5 打开 pages/flowershow/index.wxml 文件，添加 <view class="tit">、<view class="showbox"> 以及图片和 text 等组件。

```
<view class="tit">花卉欣赏</view>
<view class="showbox">
    <view >
        <image src="../../images/g4.jpg" class="flow"></image>
        <text class="txtflow">花卉 4</text>
    </view>
    <view>
        <image src="../../images/g5.jpg" class="flow"></image>
        <text class="txtflow">花卉 5</text>
    </view>
    <view>
```

```
            <image src="../../images/g6.jpg" class="flow"></image>
            <text class="txtflow">花卉6</text>
        </view>
</view>
```

6 打开 pages/flowershow/index.wxss 文件，添加 .tit、.showbox、.flow、.txtflow 等样式，实现一行排列 3 个图片的效果，如图 3-22 所示。

图 3-22　排列 3 个图片的效果

```
.tit{
    background-color:rgb(252, 210, 74);
    width:90%;
    margin:0 auto;
    padding-left:20rpx;
}
.showbox{
    height:220rpx;
    display:flex;
    justify-content:space-evenly;
    margin-bottom:20rpx;
    margin-top:20rpx;
}
.flow{
    display:block;
    width:200rpx;
    height:220rpx;
}
.txtflow{
    text-align:center;
    margin-top:-60rpx;
    display:block;
    background-color:rgba(252, 210, 74, 0.685);
    color:white;
    width:100%;
    z-index:99rpx;
}
```

7 打开 app.json 文件，在 pages 内添加"pages/index/index"，放在新加页面命令的最前面。

```
"pages":[
    "pages/index/index",
    "pages/flowershow/index",
    "pages/flower/index",
    "pages/logs/logs"
],
```

8 打开 pages/index/index.wxml 文件，添加两行 include 命令，将两个 wxml 目标文件代码引入。

```
<include src="../flower/index.wxml"/>
<include src="../flowershow/index.wxml"/>
```

9 打开 pages/index/index.wxss 文件，添加两行 @import 命令，将两个 .wxss 目标文件代码引入，实现两个被引入页面在本页展示的效果，如图 3-23 所示。

图 3-23 展示的效果

```
@import "../flower/index.wxss";
@import "../flowershow/index.wxss";
```

经验分享

使用了 include 或 @import 的导入功能，当前页的代码简洁了很多，在管理页面代码方面有着很好的优势。

项目 3　界面设计

知识链接

- 微信小程序中引入 WXML。

  include 可以将目标文件除了 <template/> <wxs/> 外的整个代码引入，相当于复制到 include 位置。

  例：

  `<include src="../flower/index.wxml"/>`

  命令的功能是把 flower 目录下的 index.wxml 文件代码引入，相当于把 flower 目录下的 index.wxml 文件代码复制了一份到 include 命令的位置。

- 微信小程序引入 WXSS。

  例：

  `@import "../flower/index.wxss";`

  命令的功能是把 flower 目录下的 index.wxss 文件代码引入，能达到的效果是 flower 目录下的 index.wxss 的样式代码在本页面起作用。

任务 11　"商品浏览"设计

任务描述

实现"商品浏览"界面设计，如图 3-24 所示。

1）页面一行显示两个商品。

2）商品信息包括商品图、商品介绍文本促销信息。

3）促销信息包括单价金额、"返"、返利金、"包邮"、"工厂直供"。

4）设置金额与"包邮"样式：红色字，灰色边框。

5）设置"返"文字样式：白色字，红色背景，灰色边框。

6）设置"工厂直供"文字样式：灰色字，灰色边框。

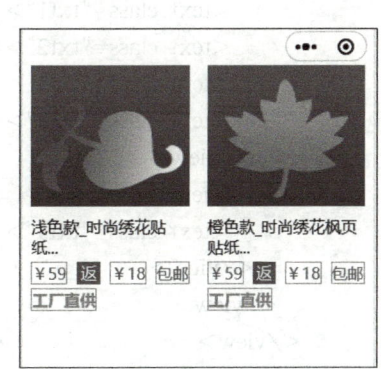

图 3-24　"商品浏览"界面

操作步骤

1 打开 index.wxml 文件，添加 `<view class="gs">`、`<view class="gsL">`、`<view class="gsLm">`、`<view class="txt">` 等组件。

```
<view class="gs">
    <view class="gsL">
```

```
          <view class="gsLm">
            <image src="../../images/f1.png" class="ima"></image>
          </view>
          <view class="txt">
            <text class="txttitle">浅色款_时尚绣花贴纸...</text>
            <view class="txts">
              <text class="txt1">￥59</text>
              <text class="txt2">返 </text>
              <text class="txt3">￥18</text>
              <text class="txt4">包邮 </text>
            </view>
            <view>
              <text class="txt5">工厂直供 </text>
            </view>
          </view>
        </view>
        <view class="gsR">
          <view class="gsLm">
            <image src="../../images/f2.png" class="ima"></image>
          </view>
          <view class="txt">
            <text class="txttitle">橙色款_时尚绣花枫页贴纸...</text>
            <view class="txts">
              <text class="txt1">￥59</text>
              <text class="txt2">返 </text>
              <text class="txt3">￥18</text>
              <text class="txt4">包邮 </text>
            </view>
            <view>
              <text class="txt5">工厂直供 </text>
            </view>
          </view>
        </view>
      </view>
```

> **经验分享**

背景色与前景色不能相同。

"color:white;" 设置文本前景色为白色。

当字体前景色为白色时，背景色必须设置为非白色，这样才能保证字体颜色能正常可见。

2 打开 index.wxss 文件，添加 .gsL、.gsR、.gs、.gsLm 等样式。

```css
.gsL{
    width:50%;
}
.gsR{
    width:50%;
}
.gs{
    display:flex;
}
.gsLm{
    width:90%;
    height:300rpx;
    margin:20rpx auto;
    background-color:red;
}
.ima{
    width:100%;height:100%;
}
.txt1{
    color:red;
    border:1rpx solid rgb(177, 173, 173);
}
.txt2{
    background-color:red;
    color:white;
    width:50rpx;
    text-align:center;
}
.txt{
    display:block;
    width:90%;
    margin:0 auto;
    font-size:35rpx;
}
.txts{
    display:flex;
    justify-content:space-between;
    margin:10rpx auto;
}
.txt3{
    color:red;
    border:1rpx solid rgb(177, 173, 173);
}
```

```
.txt4{
  color:red;
  border:1rpx solid rgb(177, 173, 173);
}
.txt5{
  color:rgb(168, 170, 168);
  font-weight:bold;
  border:1rpx solid rgb(177, 173, 173);
}
.txt6{
  position:absolute;
  right:55%;
}
.txt6r{
  position:absolute;
  right:5%;
}
```

知识链接

- \<text\> 组件。

  仅进行文本显示时，通常使用 \<text\> 组件。

  在使用小程序时，如果想通过长按文字复制文字内容，就要把文字内容写在 text 中。

- background-color 等样式属性。

  熟练使用 background-color、color、border、font-weight、font-size 等属性，发挥各样式的特点，才可以达到很好的布局效果。

任务 12　"小店首页"设计

任务描述

实现"小店首页"界面设计，如图 3-25 所示。

1) 页面包括顶部横幅区域、店名区、Logo 图像、促销信息区及"花卉欣赏"区。
2) 顶部横幅区域位于最上方，宽度为 100%，背景色为渐变色，右下角有图像装修。
3) 店名为"花卉小店"，店名位于顶部横幅区域的下方，Logo 图像的右侧。
4) Logo 图像跨横幅区域、店名区，在促销信息区的上面，在店名"花卉小店"左侧。
5) "花卉欣赏"区包括标题"花卉欣赏"及若干个花卉图像和标题。

项目 3　界面设计

图 3-25 "小店首页"界面

操作步骤

1 打开 app.json 文件，在 pages 内添加 "pages/flowershow/index"，然后保存为 app.json 文件。

```
"pages": [
    "pages/flowershow/index",
    "pages/index/index",
    "pages/logs/logs"
],
```

2 打开 pages/flowershow/index.wxml 文件，添加 <view class="tit">、<view class="showbox"> 以及图片和 text 等组件。

```
<view class="tit">花卉欣赏</view>
<view  class="showbox">
    <view >
        <image src="../../images/g4.jpg" class="flow"></image>
        <text class="txtflow">花卉 4</text>
    </view>
    <view>
        <image src="../../images/g5.jpg" class="flow"></image>
```

— 95 —

```
            <text class="txtflow">花卉 5</text>
        </view>
        <view>
            <image src="../../images/g6.jpg" class="flow"></image>
            <text class="txtflow">花卉 6</text>
        </view>
    </view>
```

3 打开 pages/flowershow/index.wxss 文件，添加 .tit、.showbox、.flow、.txtflow 等样式，实现一行排列 3 个图片的效果，如图 3-26 所示。

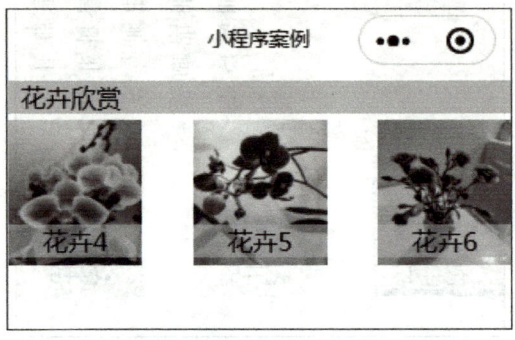

图 3-26　一行排列 3 个图片的效果

```
.tit{
    background-color:rgb(252, 210, 74);
    width:100%;
    margin:10rpx auto;
    padding-left:20rpx;
}
.showbox{
    height:220rpx;
    display:flex;
    justify-content:space-between;
    margin-top:10rpx;
}
.flow{
    display:block;
    width:200rpx;
    height:220rpx;
}
.txtflow{
    text-align:center;
    margin-top:-60rpx;
    display:block;
    background-color:rgba(252, 210, 74, 0.685);
    width:100%;
```

```
    z-index:99rpx;
}
```

4 打开 app.json 文件，在 pages 内把"pages/index/index"调到前面，然后保存为 app.json 文件。

```
"pages": [
    "pages/index/index",
    "pages/flowershow/index",
    "pages/logs/logs"
],
```

5 打开 pages/index/index.wxml 文件，添加 <view class="header">、<view class="logo">、<view class="title"> 花卉小店 </view>、<view class="discount">、<view class="discenter"> 以及图片等组件。

```
<view class="header">
    <image src="../../images/ban.png" class="headerbanner"></image>
</view>
<view class="logo">
    <image src="../../images/g1.jpg" class="logopic"></image>
</view>
<view class="title"> 花卉小店 </view>
<view class="discount">
    <view class="discenter"> 全场 7 折 </view>
    <view class="discenter"> 全部包邮 </view>
    <view class="discenter"> 每单减 50</view>
    <view class="discenter"> 次单半价 </view>
    <view class="discenter"> 领券中心 </view>
</view>
```

6 打开 pages/index/index.wxss 文件，添加 .header、.headerbanner、.logo、.logopic、.title、.discount、.discenter 等样式，形成小店首页效果，如图 3-27 所示。

```
.header{
    height:400rpx;
    width:100%;
    background-image:linear-gradient(to bottom, rgb(243, 240, 40),rgb(81, 241, 129));
    text-align:right;
}
.headerbanner{
    position:relative;
    top:80rpx;
    height:80%;
    width:30%;
}
```

```
.logo{
    height:200rpx;
    width:200rpx;
    position:absolute;
    border:8rpx solid rgb(255, 255, 255);
    left:50rpx;
    top:300rpx;
}
.logopic{
    width:100%;
    height:100%;
}
.title{
    background:rgb(240, 243, 241);
    padding-left:300rpx;
}
.discount{
    background:rgb(236, 234, 111);
    height:200rpx;
    display:flex;
    justify-content:flex-end;
}
.discenter{
    text-align:center;
    width:50rpx;
    height:100%;
    border:1rpx solid rgb(250, 244, 244);
    margin-right:20rpx;
    background:rgb(240, 186, 176);
}
```

图3-27 "小店首页"效果

项目 3 界面设计

经验分享

当设置容器的宽度恰好是一个中文的宽度时,每一行只能显示一个中文,其他中文就会自动换行,将会实现纵向排列文本的效果。

7 打开 pages/index/index.wxml 文件,添加两行 include 命令,将 flowershow/index.wxml 目标文件代码引入。

```
<include src="../flowershow/index.wxml"/>
```

8 打开 pages/index/index.wxss 文件,添加 @import 命令,将 flowershow/index.wxss 目标文件代码引入,实现被引入页面在整页展示的效果,如图 3-28 所示。

```
@import "../flowershow/index.wxss";
```

图 3-28 整页展示的效果

知识链接

下面介绍 justify-content:flex-end 的应用。

flex-start:默认值。项目位于容器的开头,则空白留在后面。

flex-end:项目位于容器的结尾,则空白留在前面。

center:项目位于容器的中心,则空白留在左右。

例:

display:flex;

justify-content:flex-end;

项目总结

　　本项目讲解多个小程序任务的界面布局实现过程，包括 view、text、image 等的应用，页面的布局，文本和图像的布局等技能。这些任务并不能包括所有的布局知识，但经过操作练习，能对已学习的知识技能熟练掌握。操作后总结经验，对有疑问的知识点多探究，多上网查阅和学习，拓展自己的知识范围，是提高小程序设计的一种学习途径。

拓展练习

拓展任务 1

　　实现"学校场室展示"界面设计，如图 3-29 所示。
1）具有 8 个场室的图片与标题文本，图片在标题下方，每行 4 个。
2）设置适当的背景色。
3）文本对齐于对应的图片。

拓展任务 2

　　实现"个人中心"界面设计，如图 3-30 所示。
1）文本"个人中心"左对齐，字体加粗。
2）文本"查看更多"和小箭头图标右对齐。
3）"个人中心"高度为 100rpx，左、右留有适当的边距，下边框为红色，底纹为浅灰色。
4）添加"经验""资历""联系""荣誉"等标题和图标，高度为 100rpx，左、右留有适当的边距，下边框为红色。

图 3-29 "学校场室展示"界面

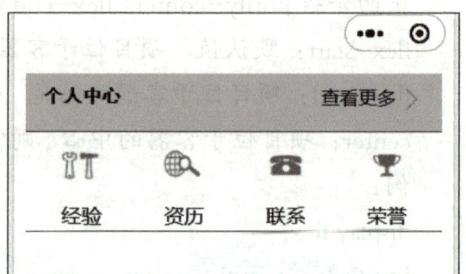

图 3-30 "个人中心"界面

项目 3　界面设计

拓展任务 3

实现"天天上新货"界面设计,如图 3-31 所示。

1) 文本"天天上新货"左对齐,字体加粗。
2) 文本"全部"和小箭头图标右对齐,设置背景色。
3) "天天上新货"栏高度为 100rpx,左右留有适当的边距,设有背景色,下边框为红色。
4) 添加"关注""发现""爆款""直播"等标题和图标,高度适当,左右留有适当的边距,下边框设为绿色。

拓展任务 4

实现"我的订单"界面设计,如图 3-32 所示。

1) "我的订单"区域高度为 100rpx,左、右留有适当的边距,下边框设为红色。
2) 文本"我的订单"左对齐,字体加粗;文本"全部"右对齐。
3) 添加"待付款""待发货""待收货""待评价"等标题和图标,整行区域高度为 100rpx,左右留有适当的边距。
4) 添加"新货"栏,"新货"右侧有红色文本". 每日新鲜货";文本"全部"右对齐。样式设计参考"我的订单"栏。
5) 添加"关注""发现""上新""爆款""直播"等标题和图标,高度适当,左、右留有适当的边距。

图 3-31　"天天上新货"界面

图 3-32　"我的订单"界面

拓展任务 5

实现"热点新闻"界面设计，如图 3-33 所示。

1) "热点新闻"区域无背景，下边框为蓝色。
2) "热点新闻"文本左对齐，字体为白色，文本背景色为蓝色。
3) "热点新闻"有若干行信息，序号从 1 开始，序号设有样式；每行都包括图标、序号、内容、图标。左、右留有适当的边距，高度适当。
4) "热点资讯"区域无背景，下边框为蓝色。
5) "热点资讯"文本左对齐，字体为白色，文本背景色为蓝色。
6) "热点资讯"有若干行信息，序号从 1 开始，序号设有样式；每行都包括图标、序号、内容、图标。左、右留有适当的边距，高度适当。
7) 前 3 行图标与其他行不相同，序号样式也不相同。
8) 每行信息都有下边框。

拓展任务 6

实现"景色欣赏"界面设计，如图 3-34 所示。

1) "近景欣赏"区域一行显示 2 张图片，空间留在图之间。
2) "夜景欣赏"区域一行显示 3 张图片，空间留在图之间。
3) 每张图片都设置标题，标题设置底纹，位于图片左下角。
4) 每张图片都设置四角为圆角。

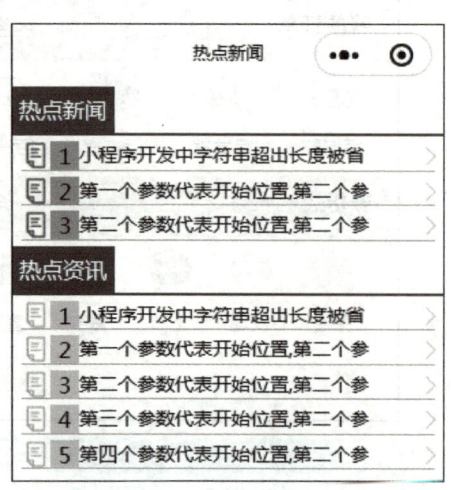

图 3-33 "热点新闻"界面

图 3-34 "景色欣赏"界面

拓展任务 7

实现"花卉小店"界面设计,如图 3-35 所示。

1)"花卉小店"店名在顶部,居中,有底色,字体样式适当设置。

2)Logo 图像与促销信息在同一行,为 Logo 图像设置边框颜色、角为圆角。

3)"热卖款"区域包括若干个花卉图像和名称,花卉名称位于花卉图像的左上角,并设置样式。

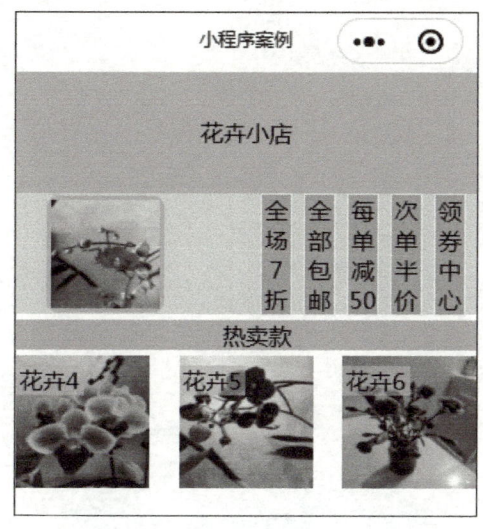

图 3-35 "花卉小店"界面

项目 4

JavaScript 基础入门

项目情景

"微信小程序开发使用什么语言？"熟悉网页开发编程的人们可能会想不到，其实，微信小程序也是可以用 JavaScript 编程。如果读者有 JavaScript 编程基础，就会很容易理解微信小程序 JavaScript 编程。

小程序许多精彩的功能，也可以通过 JavaScript 编程实现吗？这与网页设计的 JavaScript 一样吗？学习微信小程序编程应该从哪个细节开始？

本项目通过多个任务，从基本的事件绑定开始，引导初学者一步一步地仿写简单的事件代码，熟练编写各种常见功能的编程代码，最终熟练掌握小程序 JavaScript 的编程，为成为小程序编程高手打下扎实的基础。

学习目标

通过本项目的学习，熟悉微信小程序 JavaScript 编程的基本设计过程，能掌握常见程序功能的设计技能，在任务的引导下打好扎实的程序设计基础。

任务 1　改变 view 的背景色

任务描述

按下按钮，改变 view 的背景色，如图 4-1 所示。

1）设置一个 view，样式名为 box，背景色为非白色，区域大小适当，居中显示于屏幕上方。

2）添加 2 个 button，按下按钮，实现改变 view 背景色为指定颜色。

3）组件上下之间有一定的间隔。

4）标题设置为"背景变色"。

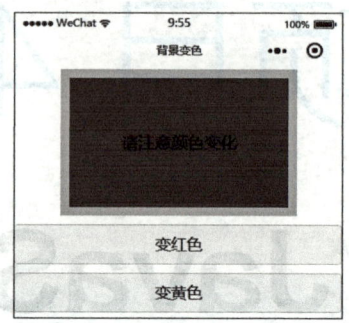

图 4-1 改变 view 的背景色

操作步骤

1 打开 index.wxml 文件，添加 view 和 button 组件。

```
<view style="background:{{MyColor}};" class="box">
    请注意颜色变化
</view>
<button type="default" bindtap="toRed">变红色</button>
<button type="default" bindtap="toYellow">变黄色</button>
```

2 打开 index.wxss 文件，添加 .box、button 样式。

```
.box{
    margin:0 auto;
    width:500rpx;
    height:300rpx;
    line-height:300rpx;
    text-align:center;
    border:10px solid #0f1;
}
button{
    margin-top:20rpx;
}
```

3 打开 index.js 文件，定义变量 MyColor，并实现 toRed()、toYellow() 事件功能。

```
Page({
    data: {
        MyColor:'green'
    },
    toRed() {
        this.setData({
            MyColor:'red'
        })
    },
    toYellow() {
        this.setData({
            MyColor:'yellow'
        })
    },
})
```

— 106 —

项目 4　JavaScript 基础入门

> **经验分享**
>
> this.setData({
> 　　MyColor: 'yellow'
> })
>
> 直接在 this.setData() 函数内给变量赋值，既可以更改变量，也可以达到把变量值渲染到视图页面的效果。

4 打开 app.json 文件，设置 ""navigationBarTitleText":" 背景变色 ""，实现标题文本的设置。

参考代码：

```
{
  "pages":[
    "pages/index/index",
    "pages/logs/logs"
  ],
  "window":{
    "backgroundTextStyle":"light",
    "navigationBarBackgroundColor": "#fff",
    "navigationBarTitleText": " 背景变色 ",
    "navigationBarTextStyle":"black"
  }
}
```

知识链接

- JavaScript。

JavaScript 作为一种函数优先的轻量级、解释型或即时编译型的编程语言，常用于开发 Web 页面的脚本语言。

微信的前端交互设计，也可以使用 JavaScript 实现。

变量用于背景色的控制。

例：

\<view style="background:{{MyColor}};" class="box">

样式中，background 的取值由变量 MyColor 的取值确定，变量 MyColor 的取值表示某种颜色。

- app.json。

小程序根目录下的 app.json 文件可用来对微信小程序进行全局配置，决定页面文件的路径、窗口表现、网络超时时间等。想获取关于 app.json 更多的应用经验，可上网查询。

任务 2　改变字号

任务描述

编程实现改变字号的功能，如图 4-2 所示。
1) 执行"字号增大"，框内文本的字号变大。
2) 执行"字号变小"，框内文本的字号变小。

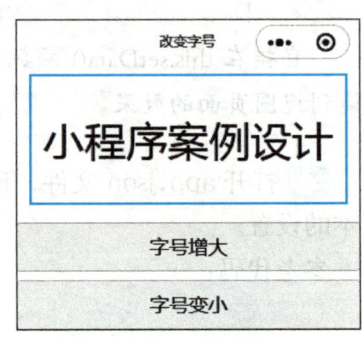

图 4-2　改变字号

操作步骤

1 打开 index.wxml，添加 <view class="box">、<button type="default" bindtap="toBig">、<button type="default" bindtap="toSmall"> 等组件。

```
<view class="box" style="font-size:{{size}}%;">
    小程序案例设计
</view>
<button type="default" bindtap="toBig">字号增大 </button>
<button type="default" bindtap="toSmall">字号变小 </button>
```

经验分享

语句 <view class="box" style="font-size:{{size}}%;"> 中，字号可以使用 %，也可以使用 rpx。

2 打开 index.wxss，添加 .box、button 等样式。

```
.box{
    margin:0 auto;
    width:90%;
    height:300rpx;
    line-height:300rpx;
    text-align:center;
    border:5px solid #0f1;
}
button{
    margin-top:20rpx;
}
```

3 打开 index.js，添加变量 size，添加 toBig() 函数来实现增大 size 的功能，添加 toSmall() 函数来实现减小 size 的功能。

```
Page({
  data：{
    size：50
  },
  toBig() {
    this.size = this.data.size；
    this.size = this.size+10；
    console.log(this.size)；
      this.setData({
        size:this.size
      })
  },
  toSmall() {
    this.size = this.data.size；
    this.size = this.size − 10；
    this.setData({
      size:this.size
    })
  },
})
```

知识链接

变量用于字号的控制。

例：

`<view class="box" style="font-size:{{size}}%;">`

样式中，font-size 取值变量 size，变量 size 的取值决定了字号的大小。

任务 3　正方形变圆

任务描述

编程实现正方形变圆的功能，如图 4-3 和图 4-4 所示。

1）执行"变圆？"，框的四角向圆角变化。

2）多次执行"变圆？"，框会逐渐变成圆。

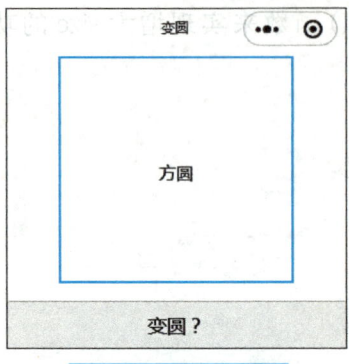

图 4-3　正方形

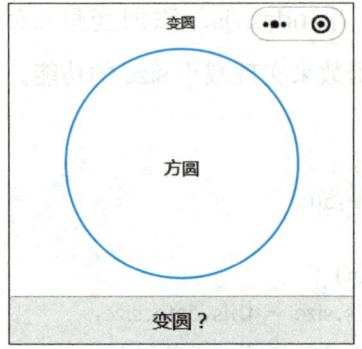

图 4-4　正方形变圆

操作步骤

1 打开 index.wxml，添加 <view class="box">、<button type="default" bindtap="tobecircle"> 等组件。

```
bindtap="tobecircle"> 等组件。
<view class="box" style="border-radius:{{ra}}%">
    方圆
</view>
<button type="default" bindtap="tobecircle">变圆？</button>
```

经验分享

语句 <view class="box" style="border-radius:{{ra}}%"> 为组件定义了样式，同时，在 .wxss 文件中，也可以定义 class="box" 的属性。

2 打开 index.wxss，添加 .box、button 等样式。

```
.box{
    margin:0 auto;
    width:500rpx;
    height:500rpx;
    line-height:500rpx;
    text-align:center;
    border:5px solid #0f1
}
button{
    margin-top:20rpx;
}
```

3 打开 index.js，添加变量 ra，添加 tobecircle() 函数来实现增大 ra 的功能。

```
Page({
    data:{
```

项目 4 JavaScript 基础入门

```
      ra:0
    },
    tobecircle() {
      this.ra=this.data.ra;
      this.ra = this.ra+3;
      this.setData({
        ra:this.ra
      })
    },
  })
```

知识链接

变量用于 border-radius 的控制。

例：

`<view class="box" style="border-radius:{{ra}}%">`

样式中，border-radius 取值变量 ra。变量 ra 越大，角越圆。

任务 4　左右移动

任务描述

编程实现左右移动的功能，如图 4-5 所示。

1）执行"右移"，框内的圆向右移动。
2）执行"左移"，框内的圆向左移动。

操作步骤

1 打开 index.wxml，添加 `<view class="box">`、`<view class="cirle" style="left:{{vLeft}}%">`、`<button type="default" bindtap="toRight">`、`<button type="default" bindtap="toLeft">` 等组件。

图 4-5　左右移

```
style="left:{{vLeft}}%">、<button type="default" bindtap="toRight">、<button type="default" bindtap="toLeft"> 等组件。
<view class="box">
  <view class="cirle" style="left:{{vLeft}}%">
    圆
```

— 111 —

```
        </view>
        <button type="default" bindtap="toRight">右移</button>
        <button type="default" bindtap="toLeft">左移</button>
    </view>
```

> **经验分享**
>
> 语句 `<view class="cirle" style="left:{{vLeft}}%">` 中，运用变量 vLeft 的值控制样式的左边距，很巧妙地把单位 % 与变量串起来；只要在 JavaScript 文件中定义变量 vLeft，在程序事件中改变 vLeft 的值，就可以改变样式的左边距。

2 打开 index.wxss，添加 .box、.cirle、button 等样式。

```css
.box{
    margin:0 auto;
    height:900rpx;
    width:90%;
    border:2px solid rgb(5, 255, 88);
}
.cirle{
    position:relative;
    top:200rpx;
    width:50rpx;
    height:50rpx;
    line-height:50rpx;
    text-align:center;
    border:5px solid #0f1;
    border-radius:50%;
}
button{
    margin-top:20rpx;
    position:relative;
    top:500rpx;
}
```

3 打开 index.js，添加变量 vLeft，添加 toRight() 函数来实现增大 vLeft 值的功能，添加 toLeft() 函数来实现减小 vLeft 值的功能。

```js
Page({
    data: {
        vLeft:45
    },
    toRight() {
        this.vLeft = this.data.vLeft;
        this.vLeft = this.vLeft+3;
```

```
        this.setData({
          vLeft:this.vLeft
        })
    },
    toLeft() {
      this.vLeft = this.data.vLeft;
      this.vLeft = this.vLeft - 3;
      this.setData({
        vLeft:this.vLeft
      })
    },
})
```

知识链接

变量用于控制组件的左边距。

例：

`<view class="cirle" style="left:{{vLeft}}%">`

样式中，left 取值变量 vLeft。变量 vLeft 越大，组件左边距越大。

任务 5　数字增大减小

任务描述

编程实现数字增大减小的功能，如图 4-6 所示。
1）执行"+"，框内的数字增加 1。
2）执行"-"，框内的数字减小 1。

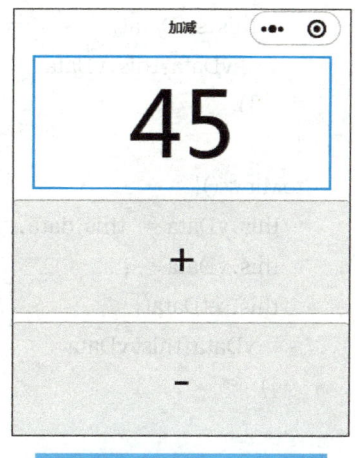

图 4-6　数字增大减小

操作步骤

1 打开 index.wxml，添加 `<view class="box">`、`<button type="default" bindtap="toPlus">`、`<button type="default" bindtap="toMinus">` 等组件。

```
<view class="box">
    {{vData}}
</view>
<button type="default" bindtap="toPlus">+</button>
<button type="default" bindtap="toMinus">-</button>
```

2 打开 index.wxss，添加 .box、button 等样式。

```
.box{
  margin:0 auto;
  height:300rpx;
  line-height:300rpx;
  font-size:200rpx;
  text-align:center;
  border:2px solid rgb(5, 255, 88);
}
button{
  margin-top:20rpx;
  font-size:100rpx;
}
```

3 打开 index.js，添加变量 vData，添加 toPlus() 函数来实现 vData 增加 1 的功能，添加 toMinus() 函数来实现 vData 减小 1 的功能。

```
Page({
  data:{
    vData:45
  },
  toPlus(){
    this.vData = this.data.vData;
    this.vData++;
    this.setData({
      vData:this.vData
    })
  },
  toMinus(){
    this.vData = this.data.vData;
    this.vData--;
    this.setData({
      vData:this.vData
    })
  },
})
```

> **经验分享**
>
> 语句"this.vData++;"中，变量增加了 1。如果变量增加的值不是 1，例如，变量增加的值是 2，则可写成 this.vData=this.vData+2。

项目 4　JavaScript 基础入门

知识链接

函数的定义与调用。

例：

toPlus() {
　this.vData = this.data.vData;
　this.vData++;
　this.setData({
　　vData:this.vData
　})
},

在 JavaScript 文件中，定义了函数 toPlus()。在视图页面中，语句 <button type="default" bindtap="toPlus">+</button> 把函数绑定，单击 <button type="default" bindtap="toPlus"> 按钮时，执行函数 toPlus()。

任务 6　长宽变化

任务描述

编程实现长宽变化的功能，如图 4-7 所示。
1) 执行"变长"，框的宽度变大。
2) 执行"变窄"，框的宽度变小。

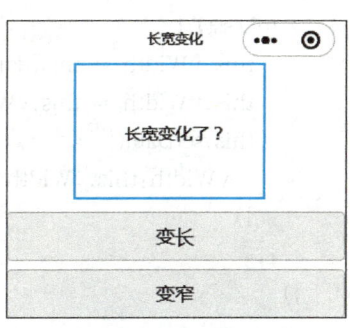

图 4-7　长宽变化

操作步骤

1 打开 index.wxml，添加 <view class="box">、<button type="default" bindtap="toWider">、<button type="default" bindtap="toLess"> 等组件。

```
<view class="box" style="width:{{vWidth}}%">
　长宽变化了？
</view>
<button type="default" bindtap="toWider"> 变长 </button>
<button type="default" bindtap="toLess"> 变窄 </button>
```

2 打开 index.wxss，添加 .box、button 等样式。

```
.box{
　margin:0 auto;
```

— 115 —

```
        height:300rpx;
        line-height:300rpx;
        text-align:center;
        border:2px solid rgb(5, 255, 88);
    }
    button{
        margin-top:20rpx;
    }
```

3 打开 index.js,添加变量 vWidth,添加 toWider() 函数来实现 vWidth 增加 10 的功能,添加 toLess() 函数来实现 toLess() 减小 10 的功能。

```
Page({
    data: {
        vWidth:45
    },
    toWider() {
        this.vWidth = this.data.vWidth;
        this.vWidth = this.vWidth+10;
        this.setData({
            vWidth:this.vWidth
        })
    },
    toLess() {
        this.vWidth = this.data.vWidth;
        this.vWidth = this.vWidth - 10;
        this.setData({
            vWidth:this.vWidth
        })
    },
})
```

知识链接

- 变量用于控制组件的宽度。

    例:

    <view class="box" style="width:{{vWidth}}%">

    样式中,width 取值变量 vWidth。变量 vWidth 越大,组件宽度越大。

- 微信小程序的常见事件。

    tap:单击事件。

    longtap:长按事件。

    touchstart:触摸开始。

项目 4 JavaScript 基础入门

touchend：触摸结束。

touchcansce：取消触摸。

此处的 WXML 页面上使用 bindtap 实现事件绑定：

`<button type="default" bindtap="toWider">变长</button>`

当单击 button 按钮时，执行 toWider() 函数代码；toRed() 函数在 WXJS 文件中编写。

任务 7 石头剪刀布

任务描述

编程实现石头剪刀布的功能，如图 4-8 所示。

1) 执行"石头"，只显示"石头"图片。
2) 执行"剪刀"，只显示"剪刀"图片。
3) 执行"布"，只显示"布"图片。

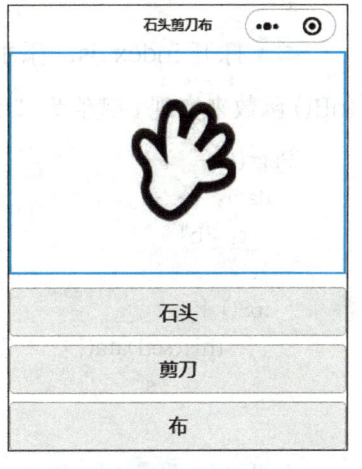

图 4-8 石头剪刀布

操作步骤

1 打开 index.wxml，添加 `<view class="box" style="width:100%">`、`<button type="default" bindtap="toS">`、`<button type="default" bindtap="toJ">`、`<button type="default" bindtap="toB">` 等组件。

```
<view class="box" style="width:100%">
<image src="../../images/{{t}}.png"></image>
</view>
<button type="default" bindtap="toS">石头</button>
<button type="default" bindtap="toJ">剪刀</button>
<button type="default" bindtap="toB">布</button>
```

经验分享

在语句 `<image src="../../images/{{t}}.png"></image>` 中，文件名并不是 t.png，变量 t 的值与 .png 组成图像文件名。如果变量 t 的值是 s，则组成的文件名为 s.png。

2 打开 index.wxss，添加 .box、image、button 等样式。

```
.box{
  margin:0 auto;
  height:500rpx;
```

```
        line-height:300rpx;
        text-align:center;
        border:2px solid rgb(5, 255, 88);
}
image{
        width:300rpx;
        height:300rpx;
        margin-top:100rpx;
}
button{
        margin-top:20rpx;
}
```

3 打开 index.js，添加变量 t，添加 toS() 函数来实现 t 赋值为 "s" 的功能，添加 toB() 函数来实现 t 赋值为 "b" 的功能，添加 toJ() 函数来实现 t 赋值为 "j" 的功能。

```
Page({
    data: {
      t: "b"
    },
    toS() {
        this.setData({
            t: "s"
        })
    },
    toB() {
        this.setData({
            t: "b"
        })
    },
    toJ() {
        this.setData({
            t: "j"
        })
    },
})
```

知识链接

变量值用于表示文件名。

例：

`<image src="../../images/{{t}}.png"></image>`

样式中，t 的值与 .png 组成了文件名。

任务 8　wx:if 实现开灯及关灯效果

编程实现开灯及关灯的功能，如图 4-9 和图 4-10 所示。
1）执行"开灯"，显示开了灯的图片，开灯后，按钮上的文本显示为"关灯"。
2）执行"关灯"，显示关了灯的图片，关灯后，按钮上的文本显示为"开灯"。

图 4-9　开灯　　　　　　　　　　　图 4-10　关灯

操作步骤

1 打开 index.wxml，添加 <view class="box">、<image src="../images/lighton.png" wx:if="{{t}}"></image>、<image src="../images/lightoff.png" wx:else></image>、<button type="default" bindtap="toONOFF"> 等组件。

```
<view class="box">
    <image src="../images/lighton.png" wx:if="{{t}}"></image>
    <image src="../images/lightoff.png" wx:else></image>
</view>
<button type="default" bindtap="toONOFF">{{info}}</button>
```

经验分享

语句 <image src="../../images/lighton.png" wx:if="{{t}}"></image> 中，变量 t 是布尔型。

在 wx:if= 的后面，也可以用表达式，例：
<view wx:if="{{length > 5}}"> 1 </view>
当变量 length>5 成立时，显示 <view> 1 </view>。

2 打开 index.wxss，添加 .box、image、button 等样式。

```
.box{
    margin:0 auto;
    height:500rpx;
    line-height:300rpx;
    text-align:center;
    border:2px solid rgb(5, 255, 88);
}
image{
    width:300rpx;
    height:300rpx;
    margin-top:100rpx;
}
button{
    margin-top:20rpx;
}
```

3 打开 index.js，添加变量 t，添加 toONOFF() 函数来实现 t 取反的功能。

```
Page({
    data：{
        t:true,
        info:"关灯"
    },
    toONOFF() {
        this.t=this.data.t;
        this.info = this.data.info;
        this.t = !this.t;
        if(this.t)
            this.info="关灯";
        else
            this.info = "开灯";
        this.setData({
            t:this.t,
            info:this.info
        })
    },
})
```

知识链接

下面介绍条件渲染 wx:if 应用。

例：

```
<image src="../images/lighton.png" wx:if="{{t}}"></image>
<image src="../images/lightoff.png" wx:else></image>
```

项目 4　JavaScript 基础入门

以上采用 wx:if 和 wx:else 控制两个 <image> 只允许显示其中一个，当变量 t 的值为 true 时，将会只显示第一个 <image>，当变量 t 的值不是 true 时，则只显示第二个 <image>。

任务 9　控制渐变色

任务描述

编程实现控制渐变色的功能，如图 4-11 所示。
1）执行"向左"，渐变色的方向为左。
2）执行"向右"，渐变色的方向为右。
3）执行"向左下"，渐变色的方向为左下。
4）执行"向右下"，渐变色的方向为右下。

图 4-11　控制渐变色

操作步骤

1 打开 index.js，添加变量 dir，添加 toLeft() 函数来实现 dir 赋值为 "left" 的功能，添加 toRight() 函数来实现 dir 赋值为 "right" 的功能，添加 toLeftdown() 函数来实现 dir 赋值为 "bottom left" 的功能，添加 toRightdown() 函数来实现 dir 赋值为 "bottom right" 的功能。

```
Page({
  data: {
    dir: "right"
  },
  toLeft() {
    this.setData({
      dir: "left"
    })
  },
  toRight() {
    this.setData({
      dir: "right"
    })
  },
  toLeftdown() {
    this.setData({
      dir: "bottom left"
    })
  },
```

```
    toRightdown() {
      this.setData({
        dir: "bottom right"
      })
    },
})
```

> **经验分享**
>
> this.setData({
>   dir: "bottom right"
> })
>
> 变量 dir 为字符串类型，"bottom right" 必须加双引号，也可以是单引号，例如：
> dir: 'bottom right'

2 打开 index.wxml，添加 `<button bindtap="toLeft">`、`<button bindtap="toRight">`、`<button bindtap="toLeftdown">`、`<button bindtap="toRightdown">`、`<view class="box">` 等组件。

```
<button bindtap="toLeft"> 向左 </button>
<button bindtap="toRight"> 向右 </button>
<button bindtap="toLeftdown"> 向左下 </button>
<button bindtap="toRightdown"> 向右下 </button>
<view class="box" style="background-image：linear-gradient(to {{dir}}, green, yellow); ">
</view>
```

3 打开 index.wxss，添加 .box、button 等样式。

```
.box{
  height:500rpx;
  width:100%;
}
button{
  display:inline;
  margin-left:10rpx;
}
```

> **知识链接**
>
> 字符型变量控制渐变色的方向。
>
> 例：
>   `<view class="box" style="background-image: linear-gradient(to {{dir}}, green, yellow); ">`
> 变量 dir 为字符型。当变量 dir 的值为 left 时，渐变色向左。

项目 4 JavaScript 基础入门

任务 10 日期的显示

任务描述

编程实现显示系统日期的功能，如图 4-12 所示。
1）执行"今天"，显示系统的当前日期。
2）执行"明天"，显示系统的当前日期的明天日期。
3）执行"昨天"，显示系统的当前日期的昨天日期。
4）日期以中文"年月日"格式显示。

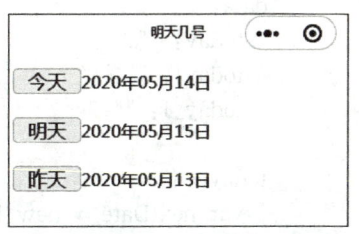

图 4-12 显示系统日期

操作步骤

1 打开 index.wxml，添加 \<button bindtap="today"\>、\<text \>{{today}}\</text\>、\<button bindtap="nextDate"\>、\<text \>{{today1}}\</text\>、\<button bindtap="preDate"\>、\<text \>{{today_1}}\</text\> 等组件。

```
<view>
    <button bindtap="today">今天 </button>
    <text >{{today}}</text>
</view>
<view>
    <button bindtap="nextDate">明天 </button>
    <text >{{today1}}</text>
</view>
<view>
    <button bindtap="preDate">昨天 </button>
    <text >{{today_1}}</text>
</view>
```

2 打开 index.wxss，添加 button 等样式。

```
button{
    display:inline;
    margin-left:10rpx;
}
```

经验分享

语句"var preDate = new Date(curDate.getTime() − 24 * 60 * 60 * 1000);"实现了时间减一天的功能。

3 打开 index.js，添加变量 today、today1、today_1，添加 today() 函数来实现获取

— 123 —

当前日期的功能,添加 nextDate() 函数来实现获取当前日期下一天的功能,添加 preDate() 函数来实现获取当前日期前一天的功能。

```
Page({
  data: {
    today: "",
    today1: "",
    today_1: "",
  },
  today() {
    var nextDate = new Date();
    var Y = nextDate.getFullYear(); // 月
    var M = (nextDate.getMonth() + 1 < 10 ? '0' + (nextDate.getMonth() + 1) : nextDate.getMonth() + 1);// 月
    var D = nextDate.getDate() < 10 ? '0' + nextDate.getDate() : nextDate.getDate(); // 日
    this.setData({
      today: Y + "年" + M + "月" + D + "日",
    })
  },
  nextDate() {
    var curDate = new Date();
    var nextDate = new Date(curDate.getTime() + 24 * 60 * 60 * 1000); // 后一天
    var Y = nextDate.getFullYear(); // 月
    var M = (nextDate.getMonth() + 1 < 10 ? '0' + (nextDate.getMonth() + 1) : nextDate.getMonth() + 1);// 月
    var D = nextDate.getDate() < 10 ? '0' + nextDate.getDate() : nextDate.getDate(); // 日
    this.setData({
      today1: Y + "年" + M + "月" + D + "日",
    })
  },
  preDate() {
    var curDate = new Date();
    var preDate = new Date(curDate.getTime() - 24 * 60 * 60 * 1000); // 前一天
    var Y = preDate.getFullYear(); // 月
    var M = (preDate.getMonth() + 1 < 10 ? '0' + (preDate.getMonth() + 1) : preDate.getMonth() + 1);// 月
    var D = preDate.getDate() < 10 ? '0' + preDate.getDate() : preDate.getDate(); // 日
    this.setData({
      today_1: Y + "年" + M + "月" + D + "日",
    })
  },
})
```

知识链接

下面介绍获取系统的当前时间。

例：

    var nextDate = new Date();

new Date() 获取了系统的当前时间。

任务 11　用 wx:for 设计课程表

任务描述

用 wx:for 设计一周的课程表，如图 4-13 所示。

1) 课程表显示一周的课程。
2) 第一行显示星期一至星期五。
3) 第一列显示第 1 节至第 6 节。
4) 其他单元格显示数组记录的课表内容。
5) 第一行、第一列与其他单元格的样式有区别。

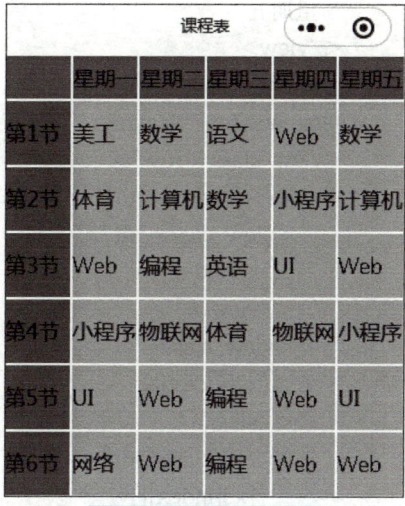

图 4-13　课程表

操作步骤

1 打开 index.js，添加数组变量 array、x1、x2、x3、x4、x5。

```
Page({
  data：{
    array：["第1节","第2节","第3节","第4节","第5节","第6节"],
    x1:[" 美工 "," 体育 ","Web"," 小程序 ","UI"," 网络 "],
    x2:[" 数学 "," 计算机 "," 编程 "," 物联网 ","Web","Web"],
    x3:[" 语文 "," 数学 "," 英语 "," 体育 "," 编程 "," 编程 "],
    x4:["Web"," 小程序 ","UI"," 物联网 ","Web","Web"],
    x5:[" 数学 "," 计算机 ","Web"," 小程序 ","UI","Web"],
  },
})
```

2 打开 index.wxml，添加 <view class="row">、<view class="dt1 th">、<view class="dt th">、<view wx:for="{{array}}"> 等组件。

```
<view class="row">
  <view class="dt1 th"></view>
  <view class="dt  th">
    星期一
  </view>
```

```
    <view class="dt  th">
      星期二
    </view>
    <view class="dt  th">
      星期三
    </view>
    <view class="dt  th">
      星期四
    </view>
    <view class="dt  th">
      星期五
    </view>
  </view>
  <view wx:for="{{array}}">
    <view class="row">
      <view class="dt1">{{item}}</view>
      <view class="dt">
        {{x1[index]}}
      </view>
      <view class="dt">
        {{x2[index]}}
      </view>
      <view class="dt">
        {{x3[index]}}
      </view>
      <view class="dt">
        {{x4[index]}}
      </view>
      <view class="dt">
        {{x5[index]}}
      </view>
    </view>
  </view>
```

经验分享

语句 `<view class="dt  th">`星期一`<view>`设置了两个样式名，一个是dt，另一个是th，两者之间用空格隔开（不能用逗号），这是常用的技巧。dt与th设置样式属性都同时作用于标签`<view class="dt  th">`星期一`<view>`，但要注意两者的属性不能相互冲突。

例如：

如果dt设置了绿色为前景色，而th又设置了蓝色为前景色，就形成冲突了，因为"星期一"文本是不能同时用两种颜色显示的，此时只有优先级比较高的其中一种设置有效。

项目 4　JavaScript 基础入门

3 打开 index.wxss，添加 page、.dt1、.dt、.row、.th 等样式。

```
page{
    font-size:40rpx；
}
.dt1{
    width:130rpx；
    height:120rpx；
    line-height:120rpx；
    margin-top:5rpx；
    background-color:rgb(8, 121, 187)；
}
.dt{
    width:130rpx；
    height:120rpx；
    line-height:120rpx；
    margin-top:5rpx；
    background-color:rgb(121, 218, 224)；
    margin-left:5rpx；
}
.row{
    display:flex；
}
.th{
    text-align:center；
    background-color:rgb(81, 121, 187)；
    height:80rpx；
    line-height:80rpx；
}
```

知识链接

下面介绍列表渲染 wx:for 应用。

例：

```
<view wx:for="{{array}}">
  {{index}}: {{item}}
</view>
```

在 `<view wx:for="{{array}}">` 语句中，变量 array 是一个数组变量；在 `{{index}}`: `{{item}}` 语句中，index 是索引值，最小值为 0，item 就是数组的元素值。

任务 12　增删图片

任务描述

编程实现增删图片的功能，如图 4-14 所示。
1）执行"加一张"，显示多一张图片。
2）执行"减一张"，显示少一张图片。
3）图片与信息一起显示。

图 4-14　增删图片

操作步骤

1 打开 index.js，添加数组变量 num，添加 getone 函数来实现添加数组 num 一个元素的功能，添加 moveone 函数来实现删除数组 num 一个元素的功能。

```
Page({
  data: {
    num: [],
  },
  moveone:function (options) {
    this.num = this.data.num;
    this.num.pop(this.data.num.length);
    this.setData({
      num:this.num,
    })
  },
  getone:function (options) {
    this.num = this.data.num;
    this.num.push(this.data.num.length);
    this.setData({
      num:this.num,
    })
  },
})
```

经验分享

语句"num: []"表示数组的元素为空，即长度为 0。

数组增加后，数组的第一个元素是 num [0]。

2 打开 index.wxml，添加 <button bindtap="getone">、<button bindtap="moveone">、

```
<view wx:for="{{num}}" class="box">、<image src="../../images/w1.png" class="ima">
等组件。
    <button bindtap="getone">加一张</button>
    <button bindtap="moveone">减一张</button>
    <view wx:for="{{num}}" class="box">
    第 {{index+1}} 张
        <image src="../../images/w1.png" class="ima"></image>
    </view>
```

3 打开 index.wxss，添加 .ima 样式。

```
.ima{
    width:100rpx;
    height:100rpx;
}
```

> **知识链接**
>
> pop() 方法将删除数组的最后一个元素，把数组长度减 1。如果数组已经为空，则 pop() 不改变数组。
>
> push() 方法可向数组的末尾添加一个元素，新元素将添加在数组的末尾，并改变数组的长度。
>
> 例：
>
> this.num.pop(this.data.num.length);// 删除数组 num 的最后一个元素
>
> this.num.push(this.data.num.length); // 在数组 num 中添加一个元素

任务 13　if 语句应用于全选

任务描述

问题的答案给出两个选项，可全选或全不选，也可以单击某一项来更改单项的选择状态，如图 4-15 所示。

1）运用 icon 组件，实现两个选项的显示，并为选项设置适当的样式：边框、边距、底色或字体大小等。

2）初始时，一项处于被选状态，另一项处于不被选中状态。

3）提供两个按钮，实现全选和全不选的功能。

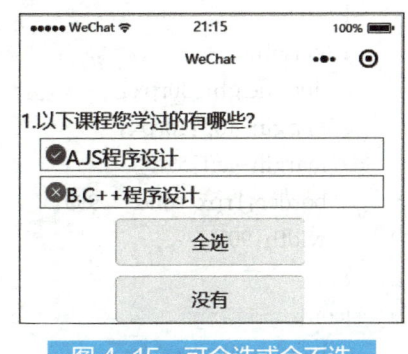

图 4-15　可全选或全不选

4）编程实现单击任一项时，能切换选择状态。

操作步骤

1 打开 index.wxml 文件，添加 <view style="margin-top:50rpx;">、<text class='Item'>、<view class="itembox">、<view class="itemsub" bindtap="SelectA">、<icon type="{{ItemAstate}}" size="20"/>、<view class="itemsub" bindtap="SelectB">、<icon type="{{ItemBstate}}" size="20"/> 等组件。

```
<view style="margin-top:50rpx;">
  <text class='Item'>1.{{ItemTitle}}</text>
 </view>
<view class="itembox">
  <view class="itemsub" bindtap="SelectA">
      <icon type="{{ItemAstate}}" size="20"/>{{ItemA}}
  </view>
  <view class="itemsub" bindtap="SelectB">
        <icon type="{{ItemBstate}}" size="20"/>{{ItemB}}
  </view>
</view>
<button bindtap="SelectAll">全选</button>
<button bindtap="SelectClear">没有</button>
```

经验分享

<view class="itemsub" bindtap="SelectA"> 与 <view class="itemsub" bindtap="SelectB"> 是类似的内容。如果选项过多，则一般用 wx:for 实现。

2 打开 index.wxss 文件，添加 .Item、.itemsub、icon、button 等样式。

```
.Item{
width:95%;
height:50rpx;
}
.itemsub{
  line-height:50rpx;
  margin-top:10rpx;
  margin-left:5%;
  border:1rpx solid #999;
  width:90%;
}
icon{
  height:50rpx;
  margin-top:10rpx;
```

```
        margin-left:10rpx;
    }
    button{
        margin-top:20rpx;
        width:50%;
    }
```

3 打开 index.js，添加 ItemTitle、ItemA、ItemB、ItemAstate、ItemBstate 等变量，添加 SelectAll:function() 函数来实现为 ItemAstate、ItemBstate 变量赋值"success"；添加 SelectClear:function() 函数来实现为 ItemAstate、ItemBstate 变量赋值"clear"；添加 SelectA:function() 函数来实现第一个选项取反；添加 SelectB:function() 函数来实现第二个选项取反。

```
Page({
    data: {
        ItemTitle:" 以下课程您学过的有哪些？ ",
        ItemA: "A.JS 程序设计 ",
        ItemB: "B.C++ 程序设计 ",
        ItemAstate: 'success',
        ItemBstate: 'clear',
    },
    SelectAll:function(){
        this.setData({
            ItemAstate: 'success',
            ItemBstate: 'success',
        })
    },
    SelectClear:function() {
        this.setData({
            ItemAstate: 'clear',
            ItemBstate: 'clear',
        })
    },
    SelectA:function(){
        this.Sate=this.data.ItemAstate;
        if (this.Sate=="success"){
            this.Sate="clear";
        }else{
            this.Sate = "success";
        }
        this.setData({
            ItemAstate:this.Sate
        })
```

```
},
SelectB:function() {
  this.Sate = this.data.ItemBstate;
  if (this.Sate == "success") {
    this.Sate = "clear";
  } else {
    this.Sate = "success";
  }
  this.setData({
    ItemBstate:this.Sate
  })
},
})
```

知识链接

icon 图标组件怎样运用？

icon 图标组件属性包括 type、size、color，属性值的不同，可以呈现不同的样式。

type 的值可以设为 success、success_no_circle、info、warn、waiting、cancel、download、search、clear 等，非常实用。icon 图标组件如图 4-16 所示。

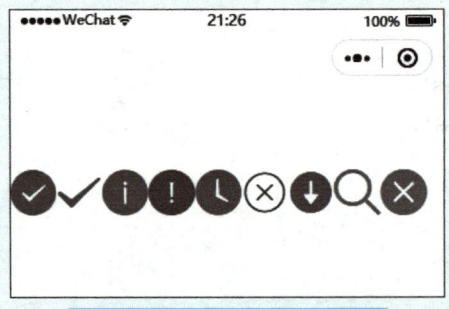

图 4-16　icon 图标组件

icon 图标组件的格式：

<icon type="success" size="40" color="blue"/>

type 用于设置样式，size 用于设置大小，color 用于设置颜色。

项目总结

本项目讲解了小程序 JavaScript 编程的变量定义、变量绑定、事件绑定、函数定义、事件运行条件渲染 wx:if 和列表渲染 wx:for 等的应用。

本项目讲解过的变量类型包括数值型、字符型、日期型、布尔型。

要真正掌握本项目的内容，可以在掌握本项目任务的基础上，认真完成拓展练习，并上网查询更多的案例来拓展自己的技能，这也是成为优秀小程序开发者的一种途径。

项目 4　JavaScript 基础入门

拓展练习

拓展任务 1

按下按钮，改变 view 边框的大小，如图 4-17 所示。

1）设置一个 view，大小和颜色适当，居中显示，实现变量控制边框大小。
2）添加两个 button，按下按钮，控制 view 边框的粗细变化。
3）组件上、下之间有合适的间隔。
4）标题设置为"控制边框大小变化"。

拓展任务 2

按下按钮，持续增大边框，如图 4-18 所示。

1）设置一个 view，设为圆形，大小和颜色适当，居中显示，实现变量控制边框大小。
2）添加两个 button，按下按钮，控制 view 边框的粗细变化。
3）组件上、下之间有合适的间隔。
4）标题设置为"控制边框大小变化"。

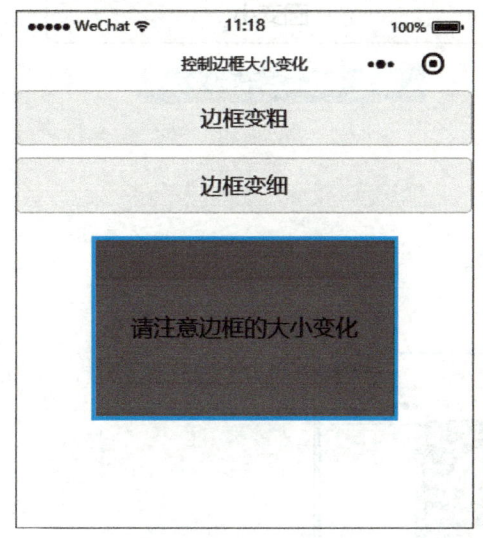

图 4-17　改变 view 边框的大小

图 4-18　持续增大边框

拓展任务 3

实现控制颜色的功能，如图 4-19 所示。

1）执行"改变边框的背景色"，矩形的背景颜色改变。
2）执行"改变边框色"，矩形的边框颜色改变。
3）执行"改变字体颜色"，矩形内的字体颜色改变。
4）执行"还原"，所有改变还原到最始状态。

拓展任务 4

实现控制圆大小的功能，如图 4-20 所示。

1）执行"圆变大"，圆增大 1%。

2）执行"圆变小"，圆减小 1%。

图 4-19　控制颜色

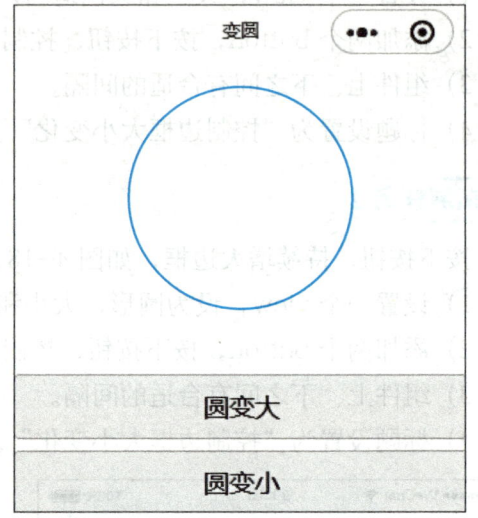

图 4-20　控制圆大小

拓展任务 5

实现控制两个图交换的功能，如图 4-21 所示。

1）执行"左右换"，左图向右移，右图向左移。

2）执行"还原"，两图归复原位。

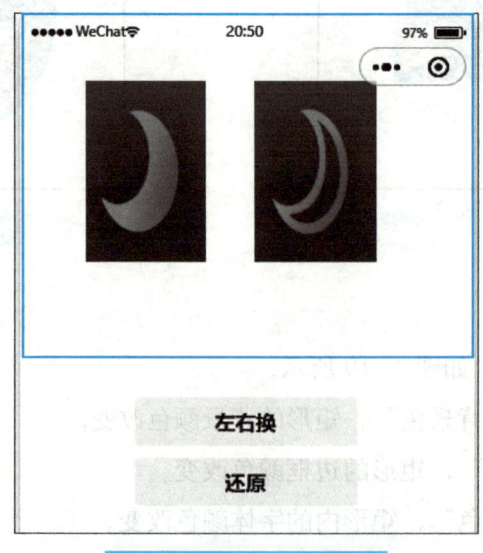

图 4-21　两个图交换

项目 5

组件入门

项目情景

小程序提供了许多有趣的组件,通过组件的应用,可以简单地实现一些常见的功能。掌握了小程序提供的某些组件,设计工作有时会变得简单又有趣。本项目将要开发的多个常见应用可以快速地提升开发者的工作效率。

学习目标

小程序中的常见应用,可以通过小程序提供的一些组件来实现,这样效率会比较高。通过本项目的学习,熟练掌握小程序提供的组件应用。

任务 1　实现横向滚动功能

任务描述

实现横向滚动功能,如图 5-1 和图 5-2 所示。
1)设置当前页面的背景色,颜色自选。
2)设置当前页面的标题为"横向滚动"。
3)滚动区域的宽度为页面的 80%。
4)滚动项目为 5 个 view 在滚动区域内横向滚动。
5)滚动区域与滚动项目的样式自行定义。

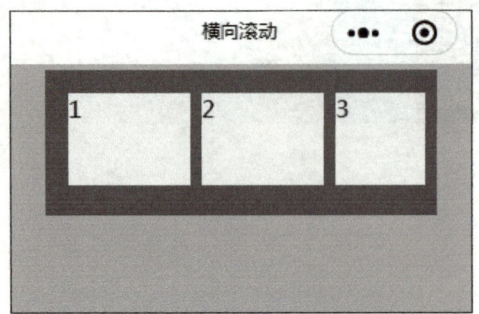
图 5-1 滚动到最左的效果

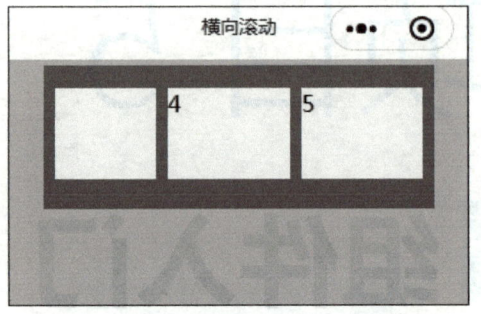
图 5-2 滚动到最右的效果

操作步骤

1 打开 index.wxss，添加 page 样式，给当前页面设置一种背景色。

```
page{
  background-color:rgb(39, 240, 39);
}
```

2 打开 index.wxml，添加 <scroll-view scroll-x="true">、<view class='item'> 等组件。

```
<scroll-view scroll-x="true">
  <view class='item'>1</view>
  <view class='item'>2</view>
  <view class='item'>3</view>
  <view class='item'>4</view>
  <view class='item'>5</view>
</scroll-view>
```

3 打开 index.wxss，添加 scroll-view、.item 等样式，实现页面效果，如图 5-1 和图 5-2 所示。

```
scroll-view{
  background-color:red;
  height:200rpx;
  white-space:nowrap;
  width:80%;
  margin:10rpx auto;
  padding:20rpx;
}
.item{
  display:inline-block;
  background-color:yellow;
  width:200rpx;
  height:150rpx;
```

```
    margin-left:20rpx;
    margin-top:20rpx;
}
```

4 打开 index.js，在 onReady 函数中，使用 wx.setNavigationBarTitle 设置当前页面标题。

```
onReady:function () {
    wx.setNavigationBarTitle({
        title:'横向滚动'
    })
},
```

经验分享

在当前页面的 CSS 文件中，设置当前页面的样式可使用 page{}。

wx.setNavigationBarTitle(Object object) 有什么作用？

在 JavaScript 文件的 onReady 函数中，使用 wx.setNavigationBarTitle 的功能可动态设置当前页面的标题。

知识链接

scroll-view 的属性如表 5-1 所示。

表 5-1 scroll-view 的属性

属性名	作用	参数值
scroll-x	设置是否允许横向滚动	可选值包括 true 和 false，默认是 false
scroll-y	设置是否允许纵向滚动	可选值包括 true 和 false，默认是 false
scroll-top	设置纵向滚动条的位置	number
scroll-left	设置横向滚动条的位置	number

任务 2　实现纵向滚动功能

任务描述

实现纵向滚动功能，如图 5-3 和图 5-4 所示。

1）设置当前页面标题为"纵向滚动"。

2）滚动项目为 5 张课程图片在滚动区域内纵向滚动。
3）滚动到最上面一张图片时，提示"到顶了"。
4）滚动到最下面一张图片时，提示"到底了"。

图 5-3 滚动到顶的效果

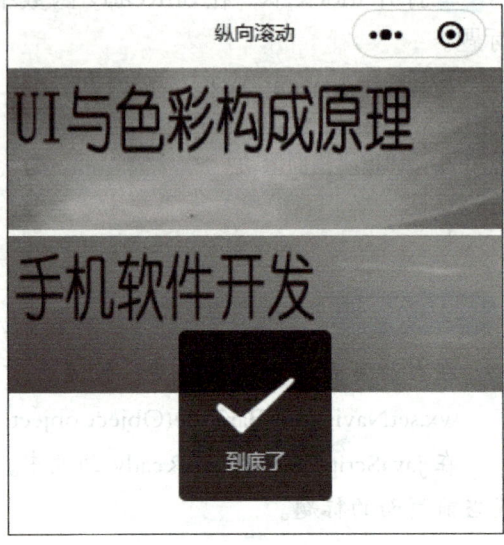

图 5-4 滚动到底的效果

操作步骤

1 打开 index.wxml，添加 <scroll-view scroll-y="true">、<view class='itemsize'> 等组件。

```
<scroll-view scroll-y="true" style='height:500rpx;'
bindscrolltoupper="totop" bindscrolltolower="tobottom"
scroll-top="0">
    <view class='itemsize'>
        <image src="../../images/sc1.png"></image>
    </view>
    <view class='itemsize'>
        <image src="../../images/sc2.png"></image>
    </view>
    <view class='itemsize'>
        <image src="../../images/sc3.png"></image>
    </view>
    <view class='itemsize'>
        <image src="../../images/sc4.png"></image>
    </view>
    <view class='itemsize'>
        <image src="../../images/sc5.png"></image>
```

```
        </view>
</scroll-view>
```

2 打开 index.wxss，添加 .itemsize、image 等样式。

```
.itemsize{
    width:100%;
    height:250rpx;
    margin-top:10rpx;
}
image{
    width:100%;
    height:100%;
}
```

3 打开 index.js，在 onReady 函数中，使用 wx.setNavigationBarTitle 设置当前页面标题。

```
onReady:function () {
    wx.setNavigationBarTitle({
        title:'纵向滚动'
    })
},
```

4 打开 index.js，添加 totop 函数，滚动到最上面一张图片时，提示"到顶了"。

```
totop:function () {
    wx.showToast({
        title:'到顶了',
        icon:'success',
        duration:1000,
        mask:true
    })
},
```

5 打开 index.js，添加 tobottom 函数，滚动到最下面一张图片时，提示"到底了"。

```
tobottom:function () {
    wx.showToast({
        title:'到底了',
        icon:'success',
        duration:1000,
        mask:true
    })
},
```

知识链接

- scroll-view 部分属性见表 5-2。

表 5-2　scroll-view 部分属性

属性名	作用	参数值
scroll-x	设置是否允许横向滚动	可选值包括 true 和 false，默认是 false
scroll-y	设置是否允许纵向滚动	可选值包括 true 和 false，默认是 false

- wx.showToast 有什么作用？

wx.showToast 可实现消息提示框显示。"title: ' 到底了 '"定义提示框信息；"icon: 'success'"定义提示框内的图标；"duration: 1000"定义提示框停留时长，1000 为 1s；"mask: true"表示提示框出现时，原页面内容被遮掩。

wx.showToast(Object object)

显示消息提示框的属性见表 5-3。

表 5-3　显示消息提示框的属性

属性	类型	默认值	必填	说明
title	string		是	提示的内容
icon	string	success	否	图标
image	string		否	自定义图标的本地路径，image 的优先级高于 icon
duration	number	1500	否	提示的延迟时间
mask	boolean	false	否	是否显示透明蒙层，防止触摸穿透
success	function		否	接口调用成功的回调函数
fail	function		否	接口调用失败的回调函数
complete	function		否	接口调用结束的回调函数（调用成功、失败都会执行）

示例代码：

```
wx.showToast({
  title:' 成功 ',
  icon:'success',
  duration:2000
})
```

wx.showToast 接口提供了两种 icon（success 和 loading）展示形式，但是在实际开发中并不能满足应用。这里可以添加"image:' 图片路径 '"。

```
onLoad:function (options) {
  wx.showToast({
    title:" 成功 ",
    icon:'loading...',// 图标，支持 success、loading
    image:'/images/tan.png',// 自定义图标的本地路径，image 的优先级高于 icon
    duration:2000,// 提示的延迟时间，单位为毫秒，默认为 1500
```

```
        mask:false,// 是否显示透明蒙层，防止触摸穿透，默认为 false
        success:function(){},
        fail:function(){},
        complete:function(){}
    })
},
```
- 用 "icon:'none'" 取消 icon。
  例：
  ```
  wx.showToast({
      title:" 没有更多了 ",
      icon:'none',
      duration:1500,
      mask:true
  });
  ```

任务 3　滑块容器

任务描述

使用滑块容器实现 3 张图片轮播功能，如图 5-5 所示。
1）设置 3 张轮播图，图片宽度为 100%。
2）自动播放是否可以更改。
3）指示点是否可以更改。

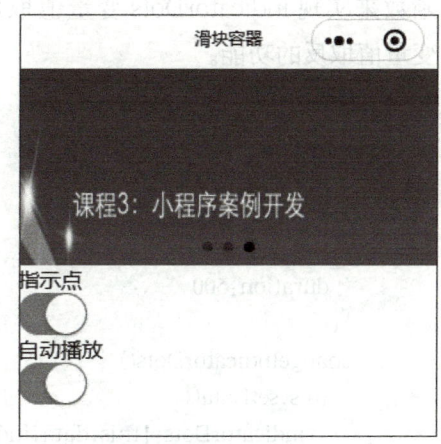

图 5-5　图片轮播

操作步骤

1 打开 wxml 文件，添加 <swiper> 组件，并添加 3 张轮播图。

```
<view>
  <swiper indicator-dots="{{indicatorDots}}"
    autoplay="{{autoplay}}" interval="{{interval}}" duration="{{duration}}">
    <swiper-item>
        <image src="../../images/wpic1.png"></image>
    </swiper-item>
```

```
            <swiper-item>
                <image src="../../images/wpic2.png"></image>
            </swiper-item>
            <swiper-item>
                <image src="../../images/wpic3.png"></image>
            </swiper-item>
        </swiper>
    </view>
    <view> 指示点 </view>
    <view>
        <switch checked="{{indicatorDots}}" bindchange="changeIndicatorDots" />
    </view>
    <view> 自动播放 </view>
    <view>
        <switch checked="{{autoplay}}" bindchange="changeAutoplay" />
    </view>
```

> **经验分享**
>
> 在 `<switch checked="{{indicatorDots}}" bindchange="changeIndicatorDots" />` 中，checked 的值由变量 indicatorDots 决定。

2 打开 JavaScript 文件，添加 indicatorDots、autoplay 等变量，添加 changeIndicatorDots() 函数来实现 indicatorDots 变量值取反的功能，添加 changeAutoplay() 函数来实现 autoplay 变量值取反的功能。

```
Page({
    data:{
        indicatorDots:true,
        autoplay:true,
        interval:2000,
        duration:500
    },
    changeIndicatorDots() {
        this.setData({
            indicatorDots:!this.data.indicatorDots
        })
    },
    changeAutoplay() {
        this.setData({
            autoplay:!this.data.autoplay
        })
    },
})
```

经验分享

this.data.autoplay 是布尔型变量，autoplay: !this.data.autoplay 可以实现把 autoplay 值取反的功能。

知识链接

微信小程序开发中的 swiper 是滑块容器，主要用于实现图片的轮播效果，也可以用于滑动导航条等场景。

swiper 滑块容器具有多个属性，以下是常用的几个属性。

indicator-dots：是否显示面板指示点，即轮播图下方的小圆圈。类型为 boolean，默认值为 false，即默认不显示指示点。

indicator-color：指示点颜色。类型为 color，默认值为 rgba(0, 0, 0, .3)。

indicator-active-color：当前选中的指示点颜色。类型为 color，默认值为 #000000。

autoplay：是否自动切换。类型为 boolean，默认值为 false。

current：当前所在的第几个滑块（从 0 开始计数）。类型为 number，默认值为 0。

interval：自动切换时间间隔，单位为毫秒（ms）。类型为 number，默认值为 5000。

duration：滑动动画时长，即从一个滑块滑动到另一个滑块所需的时间，单位为毫秒（ms）。类型为 number，默认值根据不同的小程序版本和平台可能有所不同。

任务 4 进度条

任务描述

编程改变进度条的属性值，如图 5-6 所示。

1）添加一个进度条，自行设置进度条的背景色和前景色，进度条当前值为 50%。

2）添加"进度增加"按钮，每执行一次，进度值增加 5。

3）添加"进度减少"按钮，每执行一次，进度值减少 5。

4）添加"信息显示状态"按钮，每执行一次，切换信息显示状态。

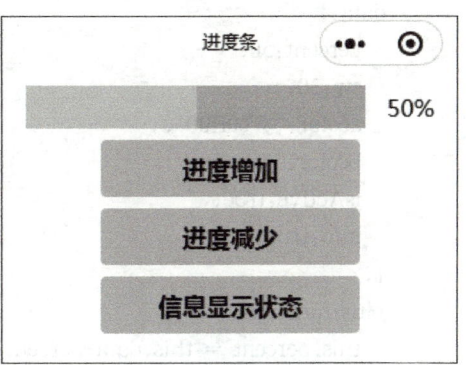

图 5-6 进度条

操作步骤

1 打开 .wxml 文件，添加 <progress>、<button> 组件。

```
<progress class="progress" percent="{{percent}}" show-info="{{info}}"
stroke-width="{{sw}}" activeColor="{{acolor}}" backgroundColor="{{bcolor}}"
active="{{isActive}}" active-mode="forwards">
</progress>
<button bindtap="plus">进度增加</button>
<button bindtap="minus">进度减少</button>
<button bindtap="setinfo">信息显示状态</button>
```

经验分享

progress 有许多属性，在应用中，视图页面中的有些属性用变量设置，当变量值改变时，进度条的属性就会发生变化。

2 打开 .wxss 文件，添加 .progress、button 等样式。

```
.progress {
    width:90%;
    margin:20rpx auto;
}
button{
    margin-top:20rpx;
    background-color:rgb(243, 208, 95);
}
```

3 打开 JavaScript 文件，添加 percent、sw、acolor、bcolor、isActive、info 等变量，添加 plus 来实现 percent 增加的功能，添加 minus 来实现 percent 减少的功能，添加 setinfo 来实现 info 值的取反功能。

```
Page({
    data:{
        percent:50,
        sw:30,
        acolor:'#00ff00',
        bcolor:'#cccccc',
        isActive:true,
        info:true,
    },
    plus:function(){
        this.percent = this.data.percent;
        this.percent=this.percent+5;
        this.setData({
            percent:this.percent
        })
    },
    minus:function() {
```

```
      this.percent = this.data.percent;
      this.percent = this.percent - 5;
      this.setData({
        percent:this.percent
      })
    },
    setinfo:function() {
      this.info = this.data.info;
      this.setData({
        info:!this.info
      })
    },
})
```

知识链接

progress 进度条组件属性的长度单位默认为 px，从版本 2.4.0 起支持传入单位 (rpx/px)。progress 进度条属性介绍见表 5-4。

表 5-4 progress 进度条属性介绍

属性	类型	说明
percent	number	百分比（0~100）
show-info	boolean	在进度条右侧显示百分比
border-radius	number/string	圆角大小
font-size	number/string	右侧百分比字体大小
stroke-width	number/string	进度条线的宽度
color	string	进度条颜色（可使用 activeColor）

任务 5 可移动小圆

任务描述

编程实现可移动小圆的功能，如图 5-7 和图 5-8 所示。
1）有一个允许移动的区域。
2）区域内的圆可移动，也可被禁止移动。
3）单击"开关"按钮时，改变是否可以移动的状态。

4）当前状态为允许移动时，圆显示为绿色；当前状态为禁止移动时，圆显示为黄色。

图 5-7　圆允许移动　　　　　　　　图 5-8　圆禁止移动

操作步骤

1 打开 .wxml 文件，添加 <view style="text-align:center;">、<movable-area>、<movable-view>、<button> 等组件，"开关"按钮使用 bindtap="onoff" 绑定事件。

```
<view style="text-align:center;">当前状态：{{tit}}</view>
<movable-area>
    <movable-view  direction="all" disabled="{{t}}" style=" background-color:{{color}};">
</movable-view>
    </movable-area>
<button bindtap="onoff">开关</button>
```

经验分享

在 <movable-view> 内设置 disabled="{{t}}"。当变量 t 为 true 时，<movable-view> 允许移动；当变量 t 为 false 时，<movable-view> 被禁止移动。

2 打开 .wxss 文件，添加 movable-area、movable-view、button 等样式。

```
movable-area{
    height:450rpx;
    width:90%;
    border:10rpx solid rgb(0, 0, 0);
    margin:10rpx auto;
}
```

```
movable-view{
  height:150rpx;
  width:150rpx;
  border-radius:50%;
}
button{
  background-color:rgb(233, 180, 5);
}
```

3 打开 JavaScript 文件，添加 color、tit、t 等变量，添加 onoff 来实现状态的变化、圆形颜色变化及提示文本的变化等功能。

```
Page({
  data:{
    color:"rgb(255, 255, 0)",
    tit:" 禁止移动 ",
    t:true
  },
  onoff:function (e) {
    this.tit = this.data.tit;
    this.t=!this.data.t;
    if(this.t) {
      this.tit=" 禁止移动 ";
      this.color = "rgb(255, 255, 0)";
    }else{
      this.tit = " 允许移动 ";
      this.color = "rgb(91, 236, 78)";
    }
    this.setData({
      t:this.t,
      tit:this.tit,
      color :this.color
    });
  }
})
```

知识链接

1）movable-area：可移动区域。

movable-area 必须设置 width 和 height 属性，不设置时，默认为 10px。

当 movable-view 小于 movable-area 时，movable-view 的移动范围在 movable-area 内。

2）movable-view：可移动的视图容器。

在页面中可以拖动滑动。movable-view 必须在 movable-area 组件中，并且必须是直接子节点，否则不能移动。movable-view 有许多属性，现列出部分属性，见表 5-5。

表 5-5　movable-view 的部分属性

属性	类型	默认值	说明
direction	string	none	movable-view 的移动方向，属性值有 all、vertical、horizontal、none
disabled	boolean	false	是否禁用

任务 6　拖动验证

任务描述

编程实现一个拖动验证的功能，如图 5-9 所示。

1）可拖动图片位于背景图内。

2）把左侧的小方块拖动到右侧的小方块内，则提示成功验证。

3）限制可拖动小方块只能左右滑动。

操作步骤

1 打开 .wxml 文件，添加 <view class="tit">、<movable-area>、<movable-view> 等组件，并在 <movable-view> 组件内使用 bindchange="onChange" 绑定事件。

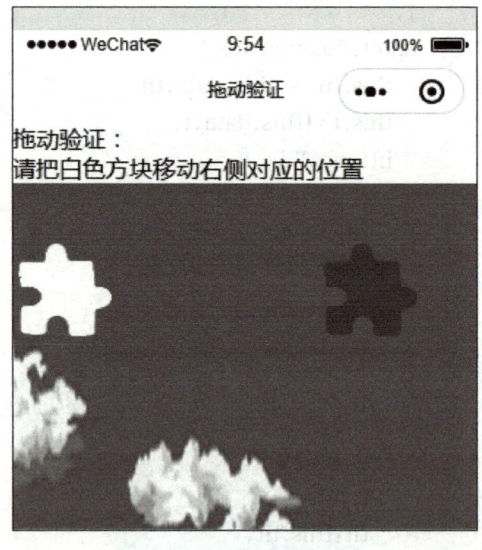

图 5-9　拖动验证

```
<view class="tit">拖动验证：</view>
请把白色方块移动右侧对应的位置
<movable-area style="height:450rpx; width:100%;">
    <image src="../../images/moveback.png" class="backpic"></image>
    <image src="../../images/moveblock2.png" class="block2"></image>
    <movable-view style="height:450rpx; width:50rpx; z-index:9999;" direction="horizontal" bindchange="onChange">
        <image src="../../images/moveblock.png" class="block"></image>
    </movable-view>
</movable-area>
```

2 打开 .wxss 文件，添加 .block、.block2 等样式。

```
.block{
    position:absolute;
    z-index:999;
    top:100rpx;
    left:10rpx;
    width:150rpx;
    height:150rpx;
}
.block2{
    position:absolute;
    z-index:99;
    top:100rpx;
    left:500rpx;
    width:150rpx;
    height:150rpx;
}
```

3 打开 JavaScript 文件，添加 onChange 函数，并实现验证成功的提示功能，如图 5-10 所示。

```
Page({
    onChange:function (e) {
        //console.log(e.detail.x);// 成功后请注释该行
        if(e.detail.x==209){
            wx.showToast({
                title:' 恭喜，验证成功 ',
                icon:'succes',
                duration:1000,
                mask:true
            })
        }
    },
})
```

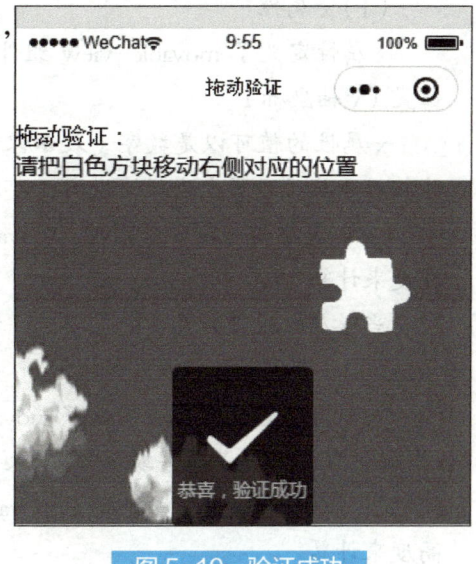

图 5-10 验证成功

知识链接

● <movable-area>。

在 <movable-area> 内添加 <image src="../../images/moveback.png" class="backpic"> 作为背景图，添加 <image src="../../images/moveblock2.png" class="block2"> 作为对位图片。在 <movable-view> 内添加 <image src="../../images/moveblock.png" class="block"> 作为可拖动图片。在拖动区域时，就完成了拖动图片的效果。

- <movable-view>。

在 <movable-view> 组件中有 bindchange="onChange" 语句，当 <movable-view> 被拖动时，会执行 onChange 函数，函数中使用 console.log(e.detail.x)。在程序调试时，x 值（e.detail.x 值）会被打印在控制台，程序员可以观察到输出的 x 值。movable-view 的属性 direction="horizontal" 时，movable-view 就只能左右移动。<movable-view> 的属性介绍见表 5-6。

表 5-6 <movable-view> 的属性介绍

属性	类型	默认值	说明
direction	string	none	<movable-view> 的移动方向，属性值有 all、vertical、horizontal、none
x	number		定义 x 轴方向的偏移，如果 x 的值不在可移动范围内，则会自动移动到可移动范围；改变 x 的值会触发动画
y	number		定义 y 轴方向的偏移，如果 y 的值不在可移动范围内，则会自动移动到可移动范围；改变 y 的值会触发动画

- 拖动验证的验证。

movable-view 有两个重要属性 x 和 y。

（1）x 属性

x 属性定义了 movable-view 组件在其父容器（通常是 movable-area 组件）内的水平位置（x 轴坐标）。

x 属性的值可以是数字（表示像素值）或百分比（如 50%），表示 movable-view 组件相对于其父容器左边距的距离。

当 x 属性设置为百分比时，movable-view 的位置会根据其父容器（movable-area）的宽度来计算。

当 x 属性设置为具体的数字时，该数字表示 movable-view 的左边距，单位是像素。

（2）y 属性

与 x 属性类似，y 属性定义了 movable-view 组件在其父容器内的垂直位置（y 轴坐标）。y 属性的值也可以是数字或百分比，表示 movable-view 组件相对于其父容器上边距的距离。

当 y 属性设置为百分比时，movable-view 的位置会根据其父容器（movable-area）的高度来计算。

当 y 属性设置为具体的数字时，该数字表示 movable-view 的上边距，单位是像素。

任务 7　checkbox 实现项目多选

任务描述

应用 checkbox 编程实现一个项目可全选也可多选的调查表功能，如图 5-11 所示。

1）使用数组定义变量，记录需要显示的数据。

2）使用 checkbox 和 wx:for 显示选项，每项都包括序号、多选按钮、景点名称。

3）每项样式都有背景色，项目间留间隔。

4）执行"取消"，所有项目不被选中；执行"全选"，所有项目选中。

5）选项状态发生变化时，实时统计选中项目的个数。

6）添加适当的标题，为标题栏设计适当的样式。

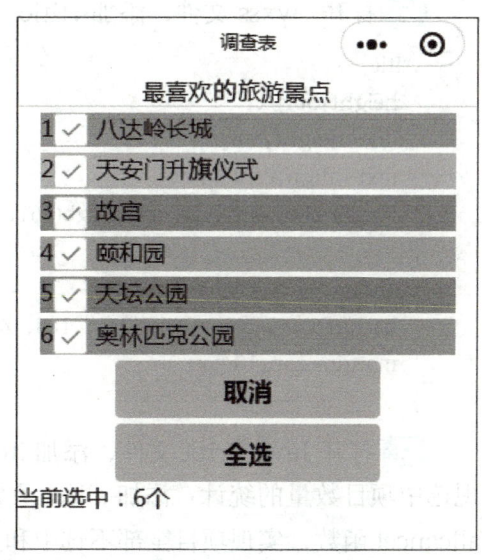

图 5-11 调查表

操作步骤

1 打开 .wxml 文件，添加 <checkbox-group bindchange="checkboxChange">、<label wx:for="{{items}}" wx:key="index"> 等组件。

```
<view class="title"> 最喜欢的旅游景点 </view>
<checkbox-group bindchange="checkboxChange">
  <label wx:for="{{items}}" wx:key="index">
    <view style="background-color:{{item.color}};margin:10rpx auto;width:90%;">
      {{index+1}}<checkbox value="{{item.value}}"  checked="{{item.checked}}"/>{{item.value}}
    </view>
  </label>
</checkbox-group>
<button bindtap="allcancel"> 取消 </button>
<button bindtap="allsel"> 全选 </button>
当前选中：{{num}} 个
```

经验分享

- wx:for。

  语句 <label wx:for="{{items}}" wx:key="index"> 中的 index 是一个索引值，index 的值为 0 时，表示 for 循环中的第一项。

- checkbox-group。

  <checkbox-group bindchange="checkboxChange"> 绑定了函数 checkboxChange，函数中有参数 e，e.detail.value 的值是所选项 value 组成的数组，e.detail.value.lengt 就是数组的长度。

  this.items.forEach(function (item, index) 是对数组 this.items 的遍历，参数中的 item 就是数组单个项目。

2 打开 .wxss 文件，添加 .title、button 等样式。

```
.title{
    height:50rpx;
    line-height:50rpx;
    text-align:center;
    border-bottom:1rpx solid rgb(161, 250, 120);
}
button{
    background-color:rgba(241, 188, 43, 0.842);
    margin-top:10rpx;
}
```

3 打开 JavaScript 文件，添加 items、num 等变量。添加 checkboxChange 函数，实现选中项目数量的统计；添加 allsel 函数，实现全选项目功能和选中项目数量的统计；添加 allcancel 函数，实现项目全部不选中和选中项目数量的统计。

```
Page({
    data:{
        items:[
            { color:'rgb(155,202,0)', value:'八达岭长城', checked:'true' },
            { color:'rgb(255,202,0)', value:'天安门升旗仪式', checked:'true' },
            { color:'rgb(55,202,0)', value:'故宫', checked:'true'},
            { color:'rgb(205,202,0)', value:'颐和园', checked:'true' },
            { color:'rgb(25,202,0)', value:'天坛公园', checked:'true' },
            { color:'rgb(155,202,100)', value:'奥林匹克公园', checked:'true' },
        ],
        num:6
    },
    checkboxChange:function(e) {
        this.setData({
            num:e.detail.value.length
        })
    },
    allsel:function(e) {
        var that=this;
        this.items=this.data.items;
        this.items.forEach(function (item, index) {
            item.checked = true;
        })
        this.setData({
            items:this.items,
            num:6
        })
    },
```

— 152 —

```
      allcancel:function(e) {
        var that = this;
        this.items = this.data.items;
        this.items.forEach(function (item, index) {
          item.checked = false;
        })
        this.setData({
          items:this.items,
          num:0
        })
      },
    })
```

知识链接

checkbox 的属性介绍见表 5-7。

表 5-7 checkbox 的属性介绍

属性	类型	默认值	说明
value	string		checkbox 标识，选中时触发 checkbox-group 的 change 事件，并携带 checkbox 的 value
disabled	boolean	false	是否禁用
checked	boolean	false	当前是否选中，可用来设置默认选中
color	string	#09BB07	checkbox 的颜色，同 CSS 的 color

任务 8　学历选择器

任务描述

应用 picker 编程实现一个学历选择器功能，如图 5-12 所示。

1）学历可选范围包括小学以下、初中、高中、大专、大学以上，启动时有默认值。

2）毕业日期可选年月日，允许有可选择的范围，启动时有默认值。

3）选择信息发生更改后，当前信息地相应发生变改。

4）样式设计合理，支持创意设计。

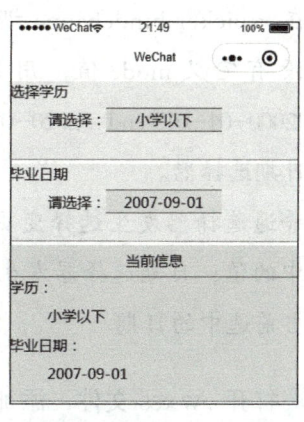

图 5-12　学历选择器

操作步骤

1 打开 .wxml 文件，添加 `<view class="section">`、`<picker>` 等组件。

```
<view class="section">
  <view class="section__title">选择学历</view>
  <picker bindchange="bindPickerChange" value="{{index}}" range="{{array}}">
    <view class="picker">
      <text class="tip">请选择：</text><text class="selected">{{array[index]}}</text>
    </view>
  </picker>
</view>
<view class="section">
  <view class="section__title">毕业日期</view>
  <picker mode="date" value="{{date}}" start="2000-01-01" end="2020-09-01" bindchange="bindDateChange">
    <view class="picker">
      <text class="tip">请选择：</text><text class="selected">{{date}}</text>
    </view>
  </picker>
</view>
<view class="infoall">
  <view class="title">当前信息</view>
学历：
  <view class="info">{{array[index]}}</view>
毕业日期：
  <view class="info">{{date}}</view>
</view>
```

> **经验分享**
>
> 在 `<picker bindchange="bindPickerChange" value="{{index}}" range="{{array}}">` 中，没有定义 mode 值，用作普通选择器。在 `<picker mode="date" value="{{date}}" start="2000-01-01" end="2020-09-01" bindchange="bindDateChange">` 中，定义 mode="date"，用作日期选择器。
>
> 普通选择器发生选择变更时执行 bindPickerChange 函数，从 e.detail.value 获取了当前选中的值；日期选择器发生选择变更时执行 bindDateChange 函数，从 e.detail.value 获取了当前选中的日期。

2 打开 .wxss 文件，添加 .section、.picker、.selected、.infoall、.title、.info 等样式。

```css
.section{
    height:200rpx;
    background-color:rgb(239, 243, 239);
    border-bottom:1rpx solid rgb(168, 166, 166);
    margin-top:10rpx;
}
.picker{
    height:100rpx;
    line-height:100rpx;
    margin-left:100rpx;
    margin-right:100rpx;
     background-color:rgb(237, 243, 243);
}
.selected{
    display:inline-block;
    width:300rpx;
    height:60rpx;
    line-height:60rpx;
    text-align:center;
    background-color:rgb(240, 235, 175);
    border-top:1rpx solid rgb(102, 100, 100);
    border-bottom:1rpx solid rgb(102, 100, 100);
}
.infoall{
    height:400rpx;
    background-color:rgb(221, 235, 221);
    border-bottom:1rpx solid rgb(168, 166, 166);
    margin-top:10rpx;
}
.title{
    text-align:center;
    height:80rpx;
    line-height:80rpx;
    border-bottom:1rpx solid red;
}
.info{
    height:100rpx;
    line-height:100rpx;
    margin-left:100rpx;
    margin-right:100rpx;
}
```

3 打开 JavaScript 文件，添加 array、index、date 等变量，添加 bindPickerChange

函数来实现学历选择后的数据更新，添加 bindDateChange 函数来实现毕业日期选择后的数据更新。

```
Page({
  data:{
    array:[ '小学以下 ',' 初中 ',' 高中 ',' 大专 ',' 大学以上 '],
    index:0,
    date:'2007-09-01',
  },
  bindPickerChange:function (e) {
    this.setData({
    })
  },
  bindDateChange:function (e) {
    this.setData({
      date:e.detail.value
    })
  },
})
```

知识链接

小程序的 picker 组件是小程序提供的一个选择器控件，它允许用户从一组数据中选择一个或多个选项。

picker 组件通常包含普通选择器、时间选择器、日期选择器、省市区选择器和多列选择器。

普通选择器 mode = selector 的属性介绍见表 5-8。

表 5-8　普通选择器 mode = selector 的属性介绍

属性名	类型	默认值	说明
range	array/object array	[]	mode 为 selector 或 multiSelector 时，range 有效
range-key	string		当 range 是一个 Object Array 时，通过 range-key 来指定 Object 中 key 的值来作为选择器显示内容
value	number	0	表示选择了 range 中的第几个（下标从 0 开始）

日期选择器 mode = date 的属性介绍见表 5-9。

表 5-9　日期选择器 mode = date 的属性介绍

属性名	类型	默认值	说明
value	string	0	表示选中的日期，格式为 "YYYY-MM-DD"
start	string		表示有效日期范围的开始，字符串格式为 "YYYY-MM-DD"
end	string		表示有效日期范围的结束，字符串格式为 "YYYY-MM-DD"
fields	string	day	有效值包括 year、month、day，表示选择器的粒度
bindchange	eventhandle		value 改变时触发 change 事件，event.detail = {value}

任务 9　省市区选择器

任务描述

编程实现一个省市区选择器功能，如图 5-13 所示。

1）可选省市区，启动时有默认值。
2）为标题和要选择的区设置合适的样式。
3）选择后，弹出提示框，提示当前选择的区。

操作步骤

1 打开 .wxml 文件，添加 <view class="section">、<view class="section__title">、<view class="picker"> 等组件。

图 5-13　省市区选择器

```
<view class="section">
  <view class="section__title"> 省市区选择器 </view>
  <picker mode="region" bindchange="bindRegionChange" value="{{region}}">
    <view class="picker">
      当前选择：
      <view class="area">{{region[0]}}</view>
      <view class=" area">{{region[1]}}</view>
      <view class="area">{{region[2]}}</view>
    </view>
  </picker>
</view>
```

2 打开 .wxss 文件，添加 .section__title、.area 等样式。

```
.section__title{
  text-align:center;
  background-color:rgb(207，188，188);
  height:70rpx;
  line-height:70rpx;
}
.area{
  height:80rpx;
  line-height:80rpx;
  width:50%;
  text-align:center;
```

```
        border-bottom:1rpx solid rgb(207, 188, 188);
        border-top:1rpx solid rgb(207, 188, 188);
        margin-top:10rpx;
        margin-left:200rpx;
    }
```

3 打开 JavaScript 文件，添加 region 等变量，添加 bindRegionChange 函数实现数据更新及信息提示功能。

```
Page({
    data:{
        region:['广东省','广州市','海珠区'],
    },
    bindRegionChange:function (e) {
        this.setData({
            region:e.detail.value
        });
        wx.showToast({
            title:e.detail.value[2],
            icon:'success',
            duration:2000
        })
    }
})
```

经验分享

选择器进行选择时执行 bindRegionChange 函数，从 e.detail.value 获取当前选中的值；e.detail.value 是一个数组，其中，e.detail.value[0] 是省份，e.detail.value[1] 是城市，e.detail.value[2] 是所属区。

知识链接

省市区选择器 mode = region 的属性介绍见表 5-10。

表 5-10 省市区选择器 mode = region 的属性介绍

属性名	类型	默认值	说明
value	array	[]	表示选中的省市区，默认选中每一列的第一个值
custom-item	string		可为每一列的顶部添加一个自定义的项
bindchange	eventhandle		value 改变时触发 change 事件，event.detail = {value, code, postcode}，其中，字段 code 是统计用区划代码，postcode 是邮政编码

项目 5　组件入门

任务 10　滑动选择器

任务描述

使用滑动选择器编程实现一个拖动验证的功能，如图 5-14 所示。

1）合理设置滑动选择器的样式及最小值和最大值等参数。

2）拖动滑动选择器的滑块时，左侧拼图随之左右移动，当左侧拼图与右侧拼图吻合时，则提示成功验证。

3）合理设置拼图显示区、滑动选择器的样式。

图 5-14　拖动验证

操作步骤

1 打开 .wxml 文件，添加 <view style="height:450rpx；width:100%;background-color:green;">、<slider> 以及 <image> 等组件。

```
<view style="height:450rpx；width:100%;background-color:green;">
    <image src="../../images/moveblock2.png" class="block2" style="left:{{goalleft}}rpx;"></image>
    <image src="../../images/moveblock.png" class="block" style="left:{{vleft}}rpx;"></image>
</view>
<view class="section section_gap">
    <text class="section__title">请把白色方块移动右侧对应的位置</text>
    <view class="body-view">
        <slider bindchanging="sliderchange" min="100" max="600" activeColor="red" block-color="green"/>
    </view>
</view>
```

经验分享

滑动选择器应用 <slider bindchanging="sliderchange"> 绑定函数 sliderchange，当选择器滑动时就执行函数功能。

滑动选择器发生变化的过程中，即实时执行 sliderchange 函数功能，把滑动选择器的值 e.detail.value 赋给左侧拼图的左边界 vleft，再用 vleft 比较右侧拼图的左边界 goalleft，当 vleft 与 goalleft 相同时，即提示验证成功。

2 打开 .wxss 文件，添加 .block、.block2、.body-view 等样式。

```
.block{
    position:absolute;
    z-index:999;
    top:100rpx;
    width:150rpx;
    height:150rpx;
}
.block2{
    position:absolute;
    z-index:99;
    top:100rpx;
    width:150rpx;
    height:150rpx;
}
.body-view{
    background-color:rgb(189, 189, 189);
    height:95rpx;
    padding-top:5rpx;
    border-radius:10rpx;
}
```

3 打开 JavaScript 文件，添加 vleft、goalleft 等变量，添加 sliderchange 函数来实现数据更新及验证成功的信息提示功能，如图 5-15 所示。

```
//index.js
Page({
    data:{
      vleft:100,
      goalleft:500,
    },
    sliderchange:function (e) {
      this.setData({
        vleft:e.detail.value
      })
      this.vleft=this.data.vleft;
      this.goalleft = this.data.goalleft;
      if(this.vleft==this.goalleft){
        wx.showToast({
          title:'恭喜,验证成功',
          icon:'succes',
          duration:10000,
          mask:true
        })
      },
    })
```

图 5-15 验证成功

知识链接

slider 滑动选择器的属性介绍见表 5-11。

表 5-11　slider 滑动选择器的属性介绍

属性	类型	默认值	必填	说明
min	number	0	否	最小值
max	number	100	否	最大值
step	number	1	否	步长，取值必须大于 0，并且可被 (max − min) 整除
disabled	boolean	false	否	是否禁用
value	number	0	否	当前取值
color	color	#e9e9e9	否	背景条的颜色（请使用 backgroundColor）
selected-color	color	#1aad19	否	已选择的颜色（请使用 activeColor）
activeColor	color	#1aad19	否	已选择的颜色
backgroundColor	color	#e9e9e9	否	背景条的颜色
block-size	number	28	否	滑块的大小，取值范围为 12～28
block-color	color	#ffffff	否	滑块的颜色
show-value	boolean	false	否	是否显示当前 value
bindchange	eventhandle		否	完成一次拖动后触发的事件，event.detail = {value}
bindchanging	eventhandle		否	拖动过程中触发的事件，event.detail = {value}

项目总结

　　本项目讲解了多个小程序提供的常用组件应用案例。通过这些应用案例的学习，可体验小程序开发的简易。原来一些常见的应用功能能这么容易掌握，不管编程的基础如何，只需要对案例进行练习，就能够不断地提高编程水平。在动手操作设计案例的过程中，在代码的理解与小程序设计的技巧方面能够积累编程经验。

　　本项目涉及了许多知识点，包括 scroll-view、swiper 滑块视图容器、movable-area 可移动区域、movable-view、checkbox 多选项目、progress 进度条、picker 滚动选择器等组件的应用，并涉及了 this.setdata()、wx.showToast()、rgb() 等函数的应用，还有 JavaScript 的编程语句应用、事件调用等技巧，同时涉及了许多样式设计的基础知识。

拓展练习

拓展任务 1

实现横向滚动功能，如图 5-16 和图 5-17 所示。

1）设置当前页面的背景色，颜色自选。
2）设置当前页面标题为"横向滚动"。
3）滚动区域宽度为页面的 80%。
4）滚动项目为 10 个 view，分两行排列，在滚动区域内可以横向滚动。
5）滚动区域与滚动项目的样式自行定义。

图 5-16 滚动到最左的效果

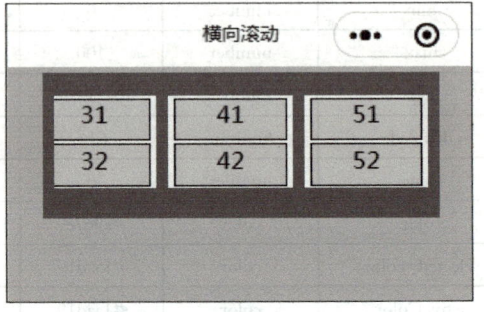

图 5-17 滚动到最右的效果

拓展任务 2

实现整行图片纵向滚动功能，如图 5-18 和图 5-19 所示。
1）设置当前页面标题为"纵向滚动"。
2）滚动项目分为多行，每行 3 张图片，在滚动区域内可以纵向滚动。
3）滚动到最上面一行图片时，提示"到顶了"。
4）滚动到最下面一行图片时，提示"到底了"。

图 5-18 滚动到顶的效果

图 5-19 滚动到底的效果

拓展任务 3

使用滑块容器实现 5 张图片轮播功能，如图 5-20 所示。

1）设置 5 张轮播图；图片宽度为 90%，居中于屏幕。
2）轮播图下方设置区域包括自动播放、指示点两个开关。
3）关闭"自动播放"时，图片轮播暂停，否则图片轮播启动。
4）关闭"指示点"时，轮播区底部区域隐藏指示点，否则显示指示点。

拓展任务 4

编程实现一个纵向进度条，可控制升高、降低，如图 5-21 所示。
1）添加一个纵向的进度条，自行设置进度条背景色和前景色，进度条当前值为 50%。
2）添加"升高"按钮，每执行一次，进度条升高 5%。
3）添加"降低"按钮，每执行一次，进度条降低 5%。
4）添加"信息显示状态"按钮，每执行一次，都会切换信息显示状态。

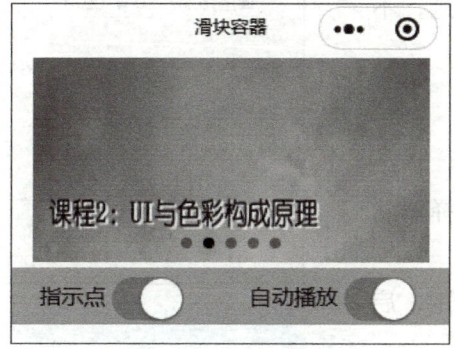

图 5-20 图片轮播

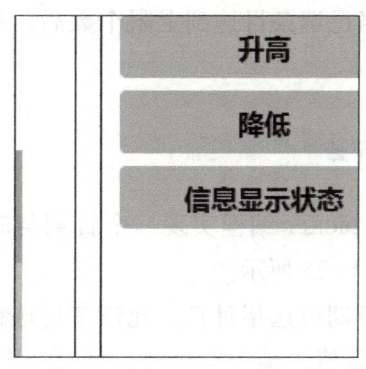

图 5-21 纵向进度条

拓展任务 5

实现小球在移动过程中进入某些区域会变成另一种颜色，如图 5-22 和图 5-23 所示。
1）设置一个移动的区域，拖动小球，小球能移动。
2）小球移动时，移动到右侧某些区域会变成另一种颜色。
3）小球移动时，移动到左侧某些区域时会变成原来的颜色。

图 5-22 小球在左侧时是一种颜色

图 5-23 小球在右侧时变了颜色

拓展任务 6

应用 checkbox 实现多选，常常有限制个数的需求，如图 5-24 所示。

1）使用数组定义变量，记录需要显示的数据。

2）使用 checkbox 和 wx:for 显示选项，每项都包括序号、景点名称、多选按钮。

3）每项样式都有背景色，项目间留间隔。

4）选中的与未选中的，显示不同的背景色。

5）选项状态发生变化时，实时统计选中项目的个数，且上限个数是有限制的。

6）当已选条目达到上限个数后，只可减选，不可增选。

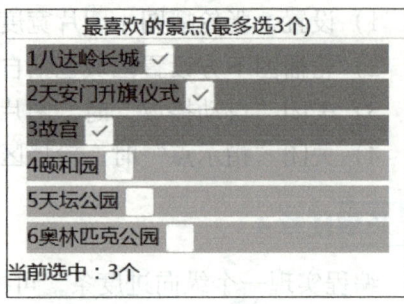

图 5-24 常常有限制选 3 个

拓展任务 7

应用 picker 编程实现一个日期与时间选择器功能，如图 5-25 所示。

1）日期可选年月日，允许有可选择的范围，启动时有默认值。

2）时间允许有可选择的范围，启动时有默认值。

3）选择信息发生更改后，当前信息相应发生变改。

4）样式设计合理，支持创意设计。

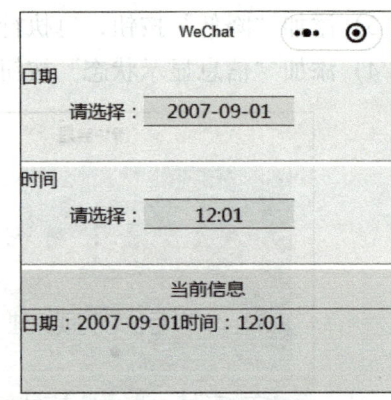

图 5-25 日期与时间选择器

拓展任务 8

使用滑动选择器编程实现一个调色板的功能，如图 5-26 所示。

1）根据 rgb() 函数的原理，给一个调色板设置背景色。

2）3 个拖动滑动选择器分别控制 rgb() 函数的 3 个参数，达到控制红色、绿色、蓝色的效果，并实时改变调色板的背景色。

3）合理设置调色板、滑动选择器的样式。

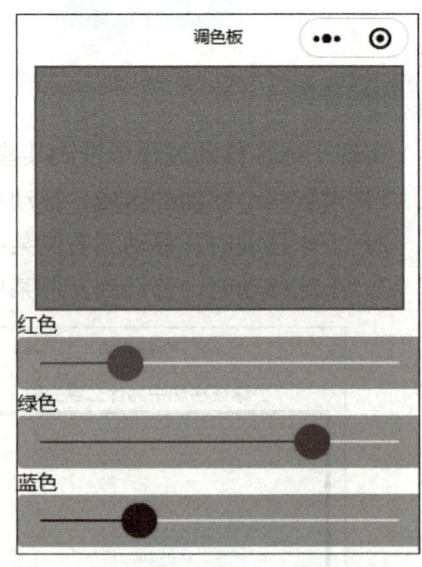

图 5-26 调色板

项目 6

趣味应用

项目情景

软件开发公司通过经常接到的一些小程序开发业务发现了一个普遍现象,那就是许多项目都是由多个子页面组成的。从子页面来看,布局设计和功能相对独立呈现。既然复杂的小程序是由许多简单的页面组成的,那么要完成一个程序项目的开发工作,其实也是可以从每个子页面的开发开始的。

软件开发公司把小程序各页面的功能梳理了一下,发现许多子页面的功能都可以独立开发。每个子页面的功能不同。许多案例的功能独立,可以适用于各种小程序中,而且有些案例很有趣味性,开发者一看到就有自己动手开发的兴趣。

学习目标

通过本项目的学习,能快速熟悉 JavaScript 语句语法在开发小程序中的应用技巧。同时,若能理解语句的应用原理,多动手编写和调试,就能达到熟能生巧的效果。在不用查阅语句语法的情况下,能够自己动手编程,设计出指定功能。通过本项目多个实用和有趣案例的学习,达到提高微信小程序开发应用能力的效果。

任务 1　图片浏览

任务描述

实现图片浏览的功能,如图 6-1 所示。

1) 单击"上一张",显示上一张图;上翻到第一张后,则打开最后一张,实现图片的循环显示。

2）单击"下一张"，显示下一张图；下翻到最后一张后，则打开第一张，实现图片的循环显示。

3）显示当前第几张。

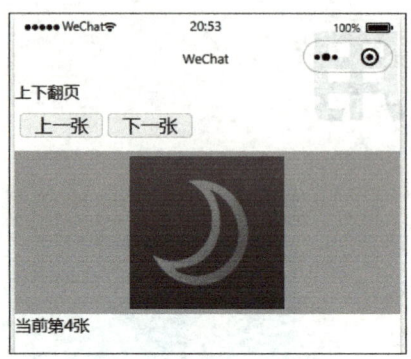

图 6-1　图片浏览

操作步骤

1 打开 .wxml 文件，添加 <view class="goods">、<button>、<image> 等组件。

```
<view> 上下翻页 </view>
    <button bindtap="proc"> 上一张 </button>
    <button bindtap="next"> 下一张 </button>
<view class="goods">
    <image src="../../images/c{{num}}.png"></image>
</view>
<view> 当前第 {{num}} 张 </view>
```

2 打开 .wxss 文件，添加 image、.goods、button 等样式。

```
image{
  height:300rpx;
  width:300rpx;
}
.goods{
  padding:10rpx;
  background-color:rgb(127,221,238);
  margin-top:5rpx;
  height:300rpx;
  text-align:center;
}
button{
  display:inline;
  box-sizing:border-box;
```

```
    margin-left:10rpx;
}
```

3 打开 JavaScript 文件，声明变量 num、max，并实现 proc、next 等函数的设计。

```
Page({
  data: {
    num:1,
    max:4,
  },
  proc:function () {
    this.num = this.data.num;
    this.num--;
    if (this.num <1) this.num = this.data.max;
    this.setData({
      num:this.num
    })
  },
  next:function () {
    this.num = this.data.num;
    this.num++;
    if (this.num > this.data.max) this.num =1;
    this.setData({
      num:this.num
    })
  }
})
```

知识链接

- 变量用于前端技巧。

  例：

  `<image src="../../images/c{{num}}.png"></image>`

  变量 num 成了文件名的一部分。

- if 语句。

  if (条件) {

  …// 条件为 true 时执行的代码

  }

  例：

  if (this.num <1) this.num = this.data.max;

  上面的代码表示，条件 this.num<1 成立时执行。

任务 2　实现变量的控制

任务描述

实现可以增加、减少当前量的功能,如图 6-2 所示。
1) 显示总量和当前量两个数值。
2) 进度条显示当前量占总量的百分比。
3) 单击"加"按钮时,当前量增加,进度条对应增长。
4) 单击"减"按钮时,当前量减少,进度条对应缩短。

图 6-2　增加、减少当前量

操作步骤

1 打开 .wxml 文件,添加 <view class="top">、按钮等组件。

```
<view class="top">
    <view class="topvd">
        <text> 总量：</text>
        <text>{{vd1}}</text>
    </view>
    <view class="topvd">
        <text> 当前量：</text>
        <text>{{vd2}}</text>
    </view>
</view>
<view class="val">
    <view class="valpe" style="width:{{vdpe}}%;">{{vdpe}}%</view>
</view>
<button class="btn" bindtap="vdplus"> 加 </button>
<button class="btn" bindtap="vdnimus"> 减 </button>
```

经验分享

在 <view class="valpe" style="width:{{vdpe}}%;">{{vdpe}}%</view> 中,vdpe 是变量,变量变化时,view 的宽度会随着发生变化,进度条的进度会表现出有变化。

2 打开 .wxss 文件,添加 .top、.topvd 等样式。

```
.top{
    background-color:rgb(250, 220, 121);
    height:300rpx;
```

```css
    padding:30rpx 30rpx;
}
.topvd{
    height:100rpx;
    margin-top:30rpx;
    display:flex;
    justify-content:space-around;
    align-items:center;
    border-bottom:1rpx solid red;
}
.btn{
    background-color:rgb(250, 220, 121);
    margin-top:30rpx;
}
.val{
    margin:30rpx 20rpx;
    height:50rpx;
    background-color:rgb(247, 6, 6);
    border-radius:10%;
}
.valpe{
    height:50rpx;
    background-color:rgb(49, 224, 14);
    border-radius:10%;
}
```

③ 打开 JavaScript 文件，定义变量，并实现 vdplus、vdnimus 事件功能。在事件中，应用 if 语句控制变化值的上限与下限。

```javascript
    data: {
        vd1:22000,
        vd2:11000,
        vdpe:50
    },
    vdplus:function (options) {
        if (this.data.vd2 < this.data.vd1){
            this.data.vd2 = this.data.vd2+1000;
            this.data.vdpe=((this.data.vd2/this.data.vd1)*100).toFixed(2);
            this.setData({
                vd2:this.data.vd2,
                vdpe:this.data.vdpe
            })
        }
```

```
    },
    vdnimus:function (options) {
      if (this.data.vd2 >0 ) {
        this.data.vd2 = this.data.vd2 - 1000;
        this.data.vdpe = ((this.data.vd2 / this.data.vd1) * 100).toFixed(2);
        this.setData({
          vd2:this.data.vd2,
          vdpe:this.data.vdpe
        })
      }
    },
```

知识链接

1）在 JavaScript 文件中定义变量并渲染到视图页面。

例：

`<text>{{vd1}}</text>`

使用 `{{ vd1 }}` 把变量 vd1 的值渲染到视图页面。

2）在 JavaScript 文件中定义的变量应用于样式中。

`<view class="valpe" style="width:{{vdpe}}%;">{{vdpe}}%</view>`

使用 `style="width:{{vdpe}}%;"` 把变量 vdpe 的值渲染到视图页面，并应用于样式中。

任务 3　两数运算

任务描述

允许用户输入两个数，单击"单击求和"按钮求出两数之和，如图 6-3 所示。

1）为标题"两数运算"设置样式。

2）设置两数输入框和提示，输入框的两数初始值自行定义。

3）结果初始值为 0。

4）实现"单击求和"按钮事件功能，结果显示两数之和。

5）重新修改两个数后，单击"单击求和"按钮，结果显示两数之和。

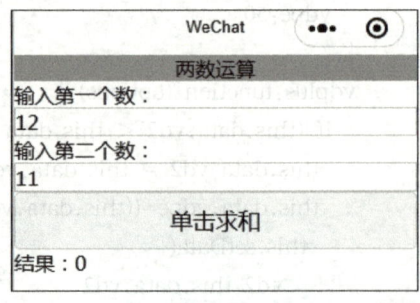

图 6-3　两数之和

项目 6　趣味应用

> **操作步骤**

1 打开 .wxml 文件，添加 <view class="title">、按钮等组件。

```
<view class="title"> 两数运算 </view>
    输入第一个数：
        <input value="{{a}}" bindchange="Achange"></input>
    输入第二个数：
        <input value="{{b}}" bindchange="Bchange"></input>
        <button bindtap="run"> 单击求和 </button>
<view> 结果：{{c}}</view>
```

> **经验分享**

在 bindchange="Achange" 中，当输入组件的值更改后，执行 Achange 函数功能。Achange: function (e) 函数参数的 e.detail.value 就是输入组件中新输入的值。

2 打开 .wxss 文件，添加 .title、input 等样式。

```
.title{
    text-align:center;
    background-color:rgb(192, 187, 187);
}
input{
    border:1rpx solid rgb(218, 213, 213);
}
```

3 打开 JavaScript 文件，定义变量，并实现 Achange、Bchange、run 等事件功能。

```
data: {
    a:12,
    b:11,
    c:0
},
// 输入了 a 事件处理函数
Achange:function (e) {
    var value = e.detail.value;
    this.setData({
        a:value,
    });
},
// 输入了 b 事件处理函数
Bchange:function (e) {
    var value = e.detail.value;
    this.setData({
```

```
      b:value,
    });
  },
  // 运算事件处理函数
  run:function() {
    this.a = this.data.a;
    this.b = this.data.b;
    this.c = Number(this.a) + Number(this.b);
    this.setData({
      c:this.c
    });
  }
```

知识链接

（1）如何获取输入框的内容

例：

视图绑定事件 bindchange="Achange"

`<input value="{{a}}" bindchange="Achange" placeholder=" 在这输入 a 数 "></input>`

JavaScript 事件定义

```
    Bchange:function (e) {
        var value = e.detail.value;
        this.setData({
          b:value,
        });
    },
```

语句"var value = e.detail.value;"可以获取输入框的值，并赋给变量 value。

（2）定义空变量

例：

```
data: {
  a:null,
  b:null,
  c:0
},
```

变量定义后，a、b 为空值。

项目 6　趣味应用

任务 4　购物车清单结算

任务描述

购物车清单中已有商品，能根据商品的数量和单价进行计算，如图 6-4 所示。

1）以合适的样式显示商品图、商品名称、商品单价和数量。

2）可增加或减少商品的数量。

3）当商品数量发生变化时，合计的价格和商品数量自动统计。

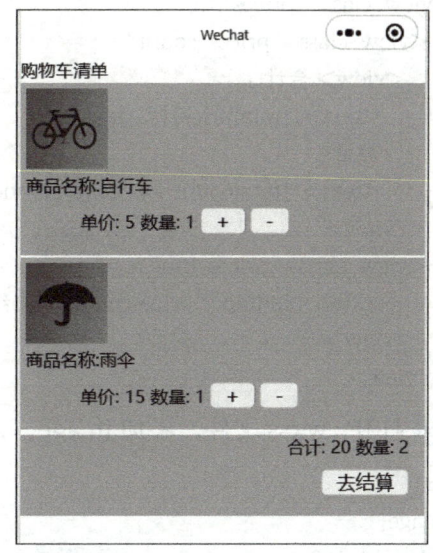

图 6-4　根据商品的数量和单价进行计算

操作步骤

1 打开 .wxml 文件，添加 <view class="goods"> 等组件，实现购物车清单视图。

```
<view> 购物车清单 </view>
<view class="goods">
    <image src="../../images/c1.png"></image>
    <view> 商品名称：自行车 </view>
    <view class="price">
        单价：
        <text>{{price1}}</text>
        数量：
        <text>{{count1}}</text>
        <button bindtap="count1add">+</button>
        <button bindtap="count1aminus">-</button>
    </view>
</view>
<view class="goods">
    <image src="../../images/c2.png"></image>
    <view> 商品名称：雨伞 </view>
    <view class="price">
        单价：
        <text>{{price2}}</text>
        数量：
        <text>{{count2}}</text>
        <button bindtap="count2add">+</button>
```

```
            <button bindtap="count2aminus">-</button>
        </view>
    </view>
    <view class="prices">
        <view class="prices_count">
            <view>合计：
                <text>{{totalprice}}</text>
                数量：
                <text>{{totalcount}}</text></view>
        </view>
        <view class="prices_btn">
            <button bindtap="pricescount">去结算</button>
        </view>
    </view>
</view>
```

2 打开 .wxss 文件，添加 image、.goods、button、.price、.prices、.prices_count 等样式。

```
image{
    height:150rpx;
    width:150rpx;
}
.goods{
    padding:10rpx;
    background-color:#ccc;
    margin-top:5rpx;
    height:300rpx;
}
button{
    display:inline;
    box-sizing:border-box;
    margin-left:10rpx;
}
.price{
    height:50rpx;
    margin-left:100rpx;
}
.prices{
    margin-top:10rpx;
    height:150rpx;
    width:100%;
    background-color:#ccc;
    text-align:right;
}
```

```
.prices_count{
  margin-right:30rpx;
}
.prices_btn{
  margin-right:30rpx;
}
```

3 打开 JavaScript 文件，定义变量，并实现增加数量、减少数量及数量初始化等事件功能。

```
Page({
  data: {
    price1:5.00,
    price2:15.00,
    count1:1,
    count2:1,
    totalcount:0,
    totalprice:0,
  },
  // 商品1增加数量
  count1add:function () {
    this.count=this.data.count1;
    this.count++;
    this.price1=this.count * this.data.price1;
    this.price2=this.data.count2 * this.data.price2;
    this.totalprice = this.price1+this.price2;
    this.totalcount = this.count + this.data.count2;
    this.setData({
      count1:this.count,
      totalprice:this.totalprice,
      totalcount:this.totalcount
    })
  },
  // 商品1减少数量
  count1aminus:function () {
    this.count = this.data.count1;
    if(this.count>0)  this.count--;
    this.price1 = this.count * this.data.price1;
    this.price2 = this.data.count2 * this.data.price2;
    this.totalprice = this.price1 + this.price2;
    this.totalcount = this.count + this.data.count2;
    this.setData({
```

```
        count1:this.count,
        totalprice:this.totalprice,
        totalcount:this.totalcount
      })
    },
    // 商品2增加数量
    count2add:function () {
      this.count = this.data.count2;
      this.count++;
      this.price1 = this.data.count1 * this.data.price1;
      this.price2 = this.count * this.data.price2;
      this.totalprice = this.price1 + this.price2;
      this.totalcount = this.count + this.data.count1;
      this.setData({
        count2:this.count,
        totalprice:this.totalprice,
        totalcount:this.totalcount
      })
    },
    // 商品2减少数量
    count2aminus:function () {
      this.count = this.data.count2;
      if (this.count > 0) this.count--;
      this.price1 = this.data.count1 * this.data.price1;
      this.price2 = this.count * this.data.price2;
      this.totalprice = this.price1 + this.price2;
      this.totalcount = this.data.count1 + this.count;
      this.setData({
        count2:this.count,
        totalprice:this.totalprice,
        totalcount:this.totalcount
      })
    },
    onLoad:function () {
      this.price1 = this.data.count1 * this.data.price1;
      this.price2 = this.data.count2 * this.data.price2;
      this.totalprice = this.price1 + this.price2;
      this.totalcount = this.data.count1 + this.data.count2;
      this.setData({
        totalprice:this.totalprice,
        totalcount:this.totalcount
      })
    }
})
```

项目 6　趣味应用

经验分享

使用 this.setData，可及时把变量的值渲染到视图页面中。

知识链接

（1）变量的运算

例：

两数相乘运算：this.price2 = this.data.count2 * this.data.price2。

两数相加运算：this.totalprice = this.price1+this.price2。

（2）变量发生改变后，把变量值渲染到视图层

例：

```
this.count++;
this.setData({
    count1: this.count,
})
```

在 this.setData({}) 中使用 count1: this.count，变量 count1 的值被更新，并渲染到视图层。

任务 5　数组的应用

任务描述

编程实现一个月薪等级的选择功能，如图 6-5 所示。

1）设置"上一项""下一项"按钮，按钮横向同行显示。

2）可选的等级包括"见习：1500""一级：3000""助理：5000""资深：15000"等。

3）为结果区域和按钮区域设置样式。

图 6-5　月薪等级的选择

操作步骤

1 打开 .wxml 文件，添加 <view class="title">、<view class="btn"> 等组件。

```
<view class="title"> 你可以选择的月薪等级 </view>
<view class="info">{{text}}</view>
<view class="btn">
    <button bindtap="prev"> 上一项 </button>
    <button bindtap="next"> 下一项 </button>
</view>
```

2 打开 .wxss 文件，添加 .info、.btn、button 等样式。

```css
.info{
    margin:0 auto;
    width:500rpx;
    height:150rpx;
    line-height:150rpx;
    text-align:center;
    background-color:#56f8f0;
    border:1rpx solid red;
    font-size:60rpx;
}
.btn{
    margin-top:10rpx;
    background-color:rgb(221, 233, 118);
    display:flex;
    padding:30rpx;
}
button{
    width:300rpx;
}
```

3 打开 JavaScript 文件，定义 array、index、text 等变量，并实现 next()、prev() 等事件功能。

```javascript
Page({
    data: {
        array:["见习:1500","一级:3000","助理:5000","资深:15000"],
        index:0,
        text:"见习:1500"
    },
    next() {
        this.data.index++;
        if (this.data.index == this.data.array.length ) this.data.index=0;
        this.setData({ text:this.data.array[this.data.index] });
    },
    prev(){
        this.data.index--;
        if (this.data.index == -1) this.data.index = this.data.array.length-1;
        this.setData({ text:this.data.array[this.data.index] });
    }
})
```

> **经验分享**
>
> 在 this.data.array[this.data.index] 中，this.data.index 是数组数据项的索引值。

知识链接

（1）数组变量的定义

例：

array: ["见习：1500", "一级：3000", "助理：5000", "资深：15000"]，

定义后，变量 array[0] 的值是 "见习：1500"。

（2）if 条件表达式的 ==

例：

if (this.data.index == this.data.array.length) this.data.index=0;

在 if 条件表达式中，用连续两个等于号表示两个条件相同。

任务 6　倒计时

任务描述

输入倒计的时间秒数，如图 6-6 所示。

1）单击"开始"时，进入时间倒计，显示剩余时间。

2）单击"暂停"时，暂停时间倒计，剩余时间不变化。

3）"暂停"后，单击"开始"，可继续进入时间倒计。

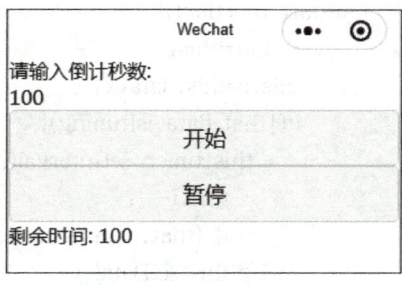

图 6-6　倒计的时间秒数

操作步骤

1 打开 .wxml 文件，添加 <text>、input、<button bindtap='tostart'>、<button bindtap='tostop'> 等组件。

```
<view>
<text>请输入倒计秒数：</text>
<input value='{{t}}' bindchange="bindChange"></input>
<button bindtap='tostart'>开始</button>
<button bindtap='tostop'>暂停</button>
剩余时间：
<text >{{x}}</text>
</view>
```

2 打开 JavaScript 文件，定义变量，并实现输入时间 bindChange、开始计时 tostart、暂停计时 tostop 等事件功能。

```
Page({
  data: {
    isRuning:false,
    x:100,
  },
  /**
  * 把从 input 框输入的值设为倒计开始的数
  */
  bindChange:function (e) {
    var value = e.detail.value;
    this.setData({
      x:value,
      empty:false
    });
  },
  /**
  * 开始后，倒数，每隔 0.5s，数值减 1
  */
  tostart:function(){
    var that=this;
    this.i=this.data.x;
    if(!that.data.isRuning){
      this.timer=setInterval((function () {
        this.i--;
        if (that.data.isRuning||this.i==0) this.stoptimer();
        this.setData({
          x:this.i
        });
      }).bind(this), 500);
    }else{
      that.tostop();
    }
  },
  /**
  * 到时或被停止后，清除计时器变量 timer
  */
  stoptimer:function () {
    clearInterval(this.timer);
    this.setData({
      isRuning:false,
      x:0
    });
  },
```

```
    /**
    * 被单击停止后，标志改为不运行
    */
    tostop:function () {
        this.setData({
            isRuning:true
        });
    },
})
```

经验分享

if (that.data.isRuning||this.i==0) 中，|| 表示或运算，== 表示等于。

知识链接

（1）注释

注释就是对代码的解释和说明，其目的是让人们能够更加轻松地了解代码。注释是编写程序时，写程序的人给一个语句、程序段、函数等的解释或提示，能提高程序代码的可读性。

注释只是为了提高可读性，不会被计算机编译。

例：

```
/**
* 把从 input 框输入的值设为倒计开始的数
*/
```

第一行是注释的开始，第二行是注释的内容，第三行是注释的结束。

（2）计时器

下面介绍设置计时器（setInterval）。

例：

```
this.timer=setInterval((function () {
            this.i--;
}).bind(this), 500);
```

每 500/1000s（即 0.5s）的时间执行一次 this.i--；

下面介绍清除计时器（clearInterval）。

例：

```
clearInterval(this.timer);
```

清除计时器 this.timer 后，计时器将停止。

任务 7　秒表

任务描述

设计一个秒表,实现计时功能,如图 6-7 所示。
1) 执行"开始"时,从 0 开始计时。
2) 执行"停止"时,停止计时。
3) 再次执行"开始"时,又从 0 开始计时。

图 6-7　秒表

操作步骤

1 打开 .wxml 文件,添加 `<view class="time">`、`<view class="btn">` 等组件,实现秒表视图。

```
<view>
 <view class="title"> 已用时间 </view>
 <view class="time">{{m}}:{{s}}:{{ms}}</view>
 <view class="btn">
    <button bindtap='tostart'> 开始 </button>
    <button bindtap='tostop'> 停止 </button>
 </view>
</view>
```

经验分享

{{m}}:{{s}}:{{ms}} 3 个变量中间加一个冒号,很好地表示了秒表的格式。运算时,注意是每 60s,分钟加 1;每 60min,小时加 1,就可以做成时钟。

2 打开 .wxss 文件,添加 .title、.time 等样式。

```
.title{
    text-align:center;
    font-size:60rpx;
}
.time{
    height:200rpx;
    line-height:200rpx;
    font-size:100rpx;
    text-align:center;
}
```

3 打开 JavaScript 文件,定义变量,记录毫秒、秒、分,并实现开始计时、停止计时等事件功能。

```
Page({
  data: {
    isRuning:false,
    ms:0,
    s:0,
    m:0,
  },
  tostart:function(){
    var that=this;
    this.ms = this.data.ms;
      this.s = 0;
      this.m = 0;
      if(!that.data.isRuning){
          this.timer=setInterval((function () {
            this.ms++;
            if(this.ms==100){
                this.ms=0;
                this.s++;
                if(this.s>=60)
                {
                    this.s=0;
                    this.m++;
                }
            }
            if (that.data.isRuning) this.stoptimer();
            this.setData({
                ms:this.ms,
                s:this.s,
                m:this.m,
            });
        }).bind(this), 10);
     }else{
       that.tostop();
     }
  },
  /**
   * 到时或被停止后，清除计时器变量 timer
   */
  stoptimer:function () {
    clearInterval(this.timer);
    this.setData({
      isRuning:false
    });
```

```
        },
    /**
    * 被单击停止后，标志改为不运行
    */
    tostop:function () {
      this.setData({
        isRuning:true
      });
    },
  })
```

> **知识链接**
>
> （1）if的嵌套实现时间的进制
>
> 例：
> ```
>     if(this.ms==100){
>         this.ms=0;
>         this.s++;
>         if(this.s>=60)
>         {
>           this.s=0;
>           this.m++;
>         }
>     }
> ```
>
> 这里仿造秒表效果，this.ms 表示 10/1000s，this.s 表示秒，this.m 表示分，当 this.ms 等于 100 时，this.ms 被重新赋值为零，执行 this.s++，当 this.s 大于或等于 60 时，this.s 被重新赋值为零，执行 this.m++。
>
> （2）布尔型变量
>
> 有一种变量是布尔型（Boolean），数据类型只有两个值，即 true 和 false，分别表示为真或假。
>
> 例：isRuning:false 表示布尔型变量 isRuning 的值被赋为 false。

任务 8　自定义的弹窗

> **任务描述**

自行设计一个有创意的弹窗，如图 6-8 所示。

1）执行"查看"时，显示一个有创意的弹窗。

项目6　趣味应用

2）弹窗包括蒙版背景，适当透明，可以隐约看到原背景内容。
3）弹窗包括标题栏和内容区域。
4）单击弹窗的关闭图标，弹窗关闭。

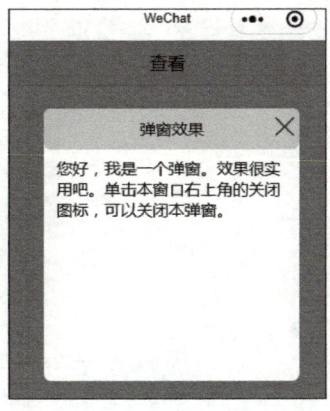

图6-8　弹窗

操作步骤

1 打开 .wxml 文件，添加 <view class="page"> 等组件。

```
<view class="page">
  <button bindtap="showWin"> 查看 </button>
  <view class="Win-mask" wx:if="{{showWin}}"></view>
  <view class="TheWin" wx:if="{{showWin}}">
    <view class="WinTitle"> 弹窗效果 </view>
    <view class="WinTxt">
    您好，我是一个弹窗。效果很实用吧。单击本窗口右上角的关闭图标，可以关闭本弹窗。
    </view>
    <image class="btnclose" bindtap="closeWin" src="../../images/right.png"></image>
  </view>
</view>
```

经验分享

<view class="Win-mask" wx:if="{{showWin}}"></view> 中，当 showWin 为 false 时，该组件不显示，否则显示。

2 打开 .wxss 文件，添加 .Win-mask、.TheWin、.WinTitle 等样式。

```
.Win-mask {
  width:100%;
  height:100%;
  position:fixed;
```

— 185 —

```css
    top:0;
    left:0;
    background:#000;
    z-index:999;
    opacity:0.4;
}
.TheWin {
    width:80%;
    height:55%;
    position:fixed;
    top:45%;
    z-index:9999;
    box-sizing:border-box;
    margin:-370rpx 85rpx;
    background-color:#fff;
    border-radius:18rpx;
    display:flex;
    flex-direction:column;
    align-items:center;
}
.WinTitle{
    font-size:38rpx;
    margin-bottom:20rpx;
    background-color:rgb(230,221,221);
    width:100%;
    height:100rpx;
    line-height:100rpx;
    text-align:center;
    border-radius:18rpx;
}
.btnclose{
    position:absolute;
    top:20rpx;
    right:10rpx;
    width:50rpx;
    height:50rpx;
}
.WinTxt{
    height:75%;
    width:90%;
}
```

3 打开 JavaScript 文件，添加变量 showWin，并实现 showWin、closeWin 等函数的设计。

```
Page({
  data: {
    showWin:false
  },
  showWin:function () {
    this.setData({
      showWin:true
    })
  },
  closeWin:function () {
    this.setData({
      showWin:false
    })
  },
})
```

知识链接

（1）样式中的 opacity 属性

样式中的 opacity 属性可设置元素的不透明级别。

不透明时，设置 Opacity:1；值设置为小数，则为透明。

（2）样式中的 position 属性有 4 个值：static、relative、absolute、fixed。

"position:static;"：静态定位，相当于没有定位，元素出现在正常的流中。

"position:relative;"：相对定位，生成相对定位的元素，通过 top、bottom、left、right 的设置相对于其位置进行定位，可通过 z-index 进行层次分级。

"position:absolute;"：绝对定位，元素的位置通过 left、top、right 以及 bottom 属性进行规定，可通过 z-index 进行层次分级。

"position:fixed;"：固定定位，生成绝对定位的元素，相对于浏览器窗口进行定位。元素的位置通过 left、top、right 以及 bottom 属性进行规定，可通过 z-index 进行层次分级。

任务 9　随机抽号

任务描述

设计随机抽号的功能，如图 6-9 所示。

1）执行"开始"时，随机产生一个 1～100 中的数并显示于页面上。

2）执行"停止"时，停止再产生新数，最后的随机数显示于页面上。

3）再次执行"开始"时，又可以重新执行。

图 6-9　随机抽号

操作步骤

1 打开 .wxml 文件，添加 <view class="time">、<view class="btn"> 等组件。

```
<view>
  <view class="title"> 随机点号 </view>
  <view class="time">{{ms}}</view>
  <view class="btn">
    <button bindtap='tostart'> 开始 </button>
    <button bindtap='tostop'> 停止 </button>
  </view>
</view>
```

2 打开 .wxss 文件，添加 .title、.time、.btn、page 等样式。

```
.title{
  text-align:center;
  font-size:60rpx;
}
.time{
  height:400rpx;
  width:400rpx;
  line-height:400rpx;
  font-size:300rpx;
  text-align:center;
  background-color:rgba(75, 139, 221, 0.87);
  margin:0 auto;
  border-radius:50%;
}
.btn{
  display:flex;
}
```

```
page{
  background:-webkit-linear-gradient(top,rgb(226，202，202),lightblue
  ,rgb(83, 201, 248));
}
```

> **经验分享**

background-color 可以设置背景色。如果背景色要用到渐变色，则可以使用"background:-webkit-linear-gradient(top,rgb(226, 202, 202),lightblue,rgb(83, 201, 248));"改变里面的颜色，从而设计出许多精彩的渐进颜色背景，让背景更精彩。

3 打开 JavaScript 文件，添加变量 isRuning、ms，并实现 tostart、stoptimer、tostop 等函数的设计。

```
Page({
  data: {
    isRuning:false,
    ms:0,
  },
  /**
   * 开始生成随机数
   */
  tostart:function(){
    var that=this;
    this.s = 0;
    if(!that.data.isRuning){
        this.timer=setInterval((function () {
          this.s=Math.round(Math.random()*99)+1;
          if (that.data.isRuning) this.stoptimer();
          this.setData({
             ms:this.s,// 把 s 值给 ms
          });
        }).bind(this), 10);
    }else{
      that.tostop();
    }
  },
  /**
   * 停止 timer
   */
  stoptimer:function () {
    clearInterval(this.timer);
    this.setData({
```

```
        isRuning:false
      });
    },
    /**
     * 被单击停止后，标志改为 true
     */
    tostop:function () {
      this.setData({
        isRuning:true
      });
    },
})
```

知识链接

（1）产生随机数的函数

例：

math.random() 产生一个 0～1 中的小数。

math.random()*99 产生一个 0～99 中的数。

（2）四写五入函数

例：

math.round(2.6) 的值为 3。

math.round(2.4) 的值为 2。

任务 10　抽奖盘

任务描述

设计一个抽奖转盘功能，如图 6-10 所示。
1）执行"转起来"时，抽奖盘转动。
2）执行"停下来"时，抽奖盘停止转动。
3）再次执行"转起来"时，又可以转动。

操作步骤

1 打开 .wxml 文件，添加 <button bindtap='torun' class="btnStart">、<view class="back"> 等组件。

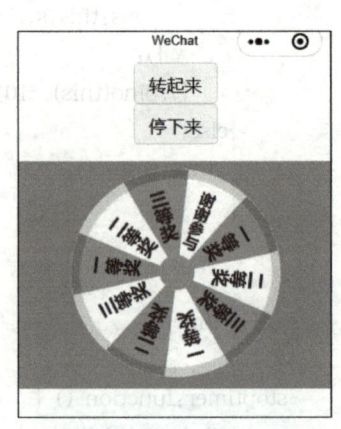

图 6-10　抽奖转盘

```
<button bindtap='torun' class="btnStart">
  转起来
</button>
<button bindtap='tostop' class="btnStart">
  停下来
</button>
<view class="back">
  <image
    class="img"
    src="../../images/back.png"
    style="transform:rotate({{mydeg}}deg);">
  </image>
</view>
```

经验分享

抽奖的旋转盘功能是很常见的，实现起来并不难，给图片添加样式时用变量去控制角度就可以了，例如 style="transform: rotate({{mydeg}}deg);">，mydeg 是变量，但这里用到的单位是 deg。

2 打开 .wxss 文件，添加 .btnStart、.back、.img、.right 等样式。

```
.btnStart{
  width:200rpx;
  height:100rpx;
}
.back{
  padding:20rpx;
  background-color:#f90;
  margin:40rpx auto;
  text-align:center;
}
.img{
  z-index:100;
  width:500rpx;
  height:500rpx;
}
.right{
  text-align:center;
}
```

3 打开 JavaScript 文件，添加变量 mydeg、runing，并实现 torun、tostop 等函数的设计。

```
Page({
  data: {
```

```
      mydeg:0,// 开始的角度
      runing:false,// 是否在转
    },
  torun:function(){
      var that=this;
        if(!that.data.Runing){
          this.setData({
            runing:false
          });
          this.runer = setInterval((function () {
            if (that.data.runing) this.tostop();
            this.deg = this.data.mydeg;
            this.deg = this.deg + 5;
            this.setData({
              mydeg:this.deg
            });
          }).bind(this), 100);
        }else{
          that.tostop();
        }
    },
    /**
    * 被单击停止后,标志改为不运行
    */
    tostop:function () {
      clearInterval(this.runer);
      this.setData({
        runing:true
      });
    },
})
```

知识链接

下面介绍如何实现图片旋转。

例:

```
<image class="img" src="../../images/back.png"
    style="transform: rotate({{mydeg}}deg);">
</image>
```

在视图的图片代码中使用 style="transform: rotate({{mydeg}}deg);",变量 mydeg 的值将影响图片的旋转角度,当 mydeg 发生变化时,图片的角度就会发生变化。

项目 6 趣味应用

任务 11 放飞气球

任务描述

一个气球在页面中,可以控制气球的飞行和停止,如图 6-11 所示。

1)在蓝天背景色的页面上显示一个气球。

2)执行"放飞气球"时,气球由下向上飞起来,当气球飞出上边界时,再从底部冒出来向上飞。

3)当单击气球时,气球停止。

4)再次执行"放飞气球"时,气球继续飞行。

图 6-11 控制气球的飞行和停止

操作步骤

1 打开 .wxml 文件,添加 <button bindtap='tofly'>、<image class="ball"> 等组件。

```
<button bindtap='tofly'> 放飞气球 </button>
<image class="ball"
  src="../../images/ball.png"
  style="position:absolute;left:45%;top:{{balltop}}%;"
  bindtap="tostop">
</image>
```

经验分享

图片也是可以绑定事件函数的,例如 bindtap="tostop",当图片被单击时执行函数 tostop。

2 打开 .wxss 文件,添加 .btnStart、.ball、page 等样式。

```
/**index.wxss**/
.btnStart{
  width:200rpx;
  height:100rpx;
}
.ball{
  width:100rpx;
  height:200rpx;
  z-index:100;
}
page{
  background:-webkit-linear-gradient(top,rgb(66, 197, 236),rgb(197, 229, 240)
```

```
,rgb(83, 201, 248));
}
```

3 打开 JavaScript 文件，添加变量 runing、balltop，并实现 tofly、tostop 等函数的设计。

```
Page({
  data: {
    runing:false,// 是否可飞
    balltop:70
  },
  tofly:function(){
    var that=this;
    if(!that.data.Runing){
      this.setData({
        runing:false
      });
      this.runer = setInterval((function () {
        this.balltop=this.data.balltop;
        this.balltop--;
        if (this.balltop < -10) this.balltop=100;
        if (that.data.runing) this.tostop();
        this.setData({
          balltop:this.balltop
        });
      }).bind(this), 30);
    }else{
      that.tostop();
    }
  },
  /**
   * 被单击停止后，标志改为不运行
   */
  tostop:function () {
    clearInterval(this.runer);
    this.setData({
      runing:true
    });
  },
})
```

知识链接

下面介绍如何实现图片的位置变化。

例：

```
<image  class="ball"
    src="../../images/ball.png"
    style="position:absolute;left:45%;top:{{balltop}}%;"
    bindtap="tostop">
</image>
```

在视图的图片代码中使用 style="position:absolute;left:45%;top:{{balltop}}%;"，变量 balltop 的值是图片与屏幕上边界的距离，变量 balltop 的值减少时，图片与上边界的距离减少。

项目总结

本项目讲解了多个小程序应用 JavaScript 编程实现的有趣案例。经过学习与练习后，会发现很多 JavaScript 效果在网页设计中似乎出现过，在微信小程序中，很多用法是相同的，但也有很多独特的地方。只有多动手设计案例的功能代码，调试其中的功能，才能更快地掌握小程序编程技巧。

本项目涉及了很多知识点，包括函数的调用、计时器、计时器的清除、样式在编程中的灵活运用、随机数函数应用、取整数的数学函数等的应用。

拓展练习

拓展任务 1

允许用户输入两个数，单击"单击求和"按钮求出两数之和，如图 6-12 所示。

1）为标题"两数运算"设置样式。

2）设置两数输入框和提示，提示在输入框中，输入框的两数初始值为空。

3）结果初始值为 0。

4）实现"单击求和"按钮事件功能，求出 a+b 的和。

5）重新修改两个数后，单击"单击求和"按钮，结果显示两数之和。

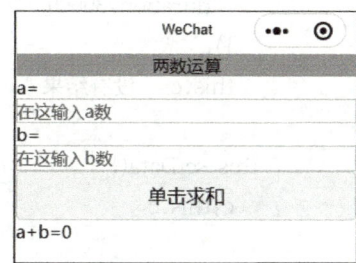

图 6-12　求出两数之和

视图代码参考：

```
<view class="title"> 两数运算 </view>
    a=
        <input value="{{a}}" bindchange="Achange"  placeholder=" 在这输入 a 数 "></input>
    b=
        <input value="{{b}}" bindchange="Bchange"  placeholder=" 在这输入 b 数 "></input>
```

```
<button bindtap="run"> 单击求和 </button>
<view>a+b={{c}}</view>
```

拓展任务 2

允许用户输入两个数，实现求商等运算，如图 6-13 所示。

1）允许用户输入两个数；被除数 b 的初始值为 0。

2）求商运算时，当被除数 b 不为 0 时，正常运算，否则提示"除数不能为零！"。

3）重新修改两个数后，仍可正常执行运算。

JavaScript 代码提示：

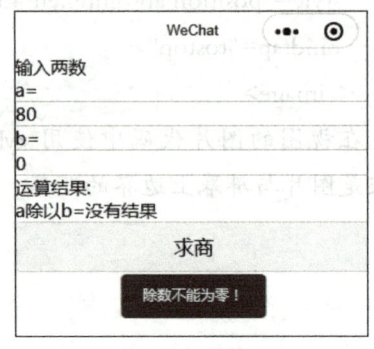

图 6-13 提示"除数不能为零！"

```
// 两数求商运算事件处理函数
run:function() {
  this.a = this.data.a;
  this.b = this.data.b;
  if (this.b != 0)
    this.c = Number(this.a) / Number(this.b);
  else{
    wx.showToast({
      title:' 除数不能为零！ ',
      icon:'none',
      duration:30000
    });
    this.c=" 没有结果 ";
  }
  this.setData({
    c:this.c
  });
},
```

拓展任务 3

允许用户输入 a、b 两个数，实现求和、求差、求积、求商等运算，如图 6-14 所示。

1）允许用户输入两个数。

2）结果初始值为 a=100，b=20。

3）实现求和、求差、求积、求商等运算。

4）输出表达式的中文表述。例如：当求和时，读 100 加 10 等于 110；当求差时，读 100

减 10 等于 90；当求积时，读 100 乘以 10 等于 1000；当求商时，读 100 除以 10 等于 10。

5) 重新修改两个数后，仍可正常执行运算。

拓展任务 4

实现电子记分牌的功能，如图 6-15 所示。

1) 把 0～9 数字图片文件复制到项目中；
2) 执行"减分"，分数减 1；
3) 执行"加分"，分数加 1；
4) 页面中间的分数以图片显示；
5) 当前分数以文本显示。

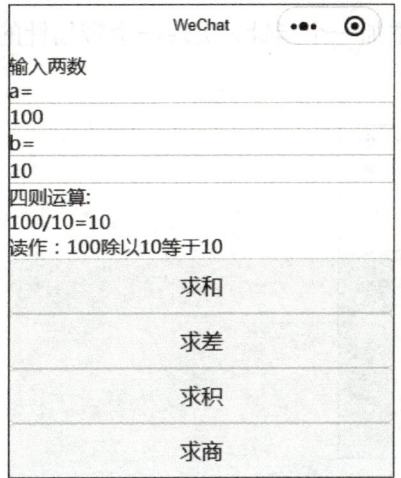

图 6-14 实现求和、求差、求积、求商等运算

图 6-15 电子记分牌

拓展任务 5

随时改变个位或十位数字的大小，设计一个升级版记分牌，如图 6-16 所示。

1) 把 0～9 数字图片文件复制到项目中；
2) 执行个位的"加"或"减"，个位上的数可加 1 或减 1。
3) 执行十位的"加"或"减"，十位上的数可加 1 或减 1。

拓展任务 6

编程实现随机抽取图片的功能，如图 6-17 所示。

1) 复制若干张不同内容的图片进入项目中；
2) 执行"开始"，采用计时器随机显示各张图片；
3) 执行"停止"，计时器停止，显示最后那一张图片。

图 6-16 升级版记分牌

图 6-17 随机抽取图片

拓展任务 7

在本项目任务 10 的抽奖盘基础上，在转盘中心添加一个指针，实现一个带指针的转盘，如图 6-18 所示。

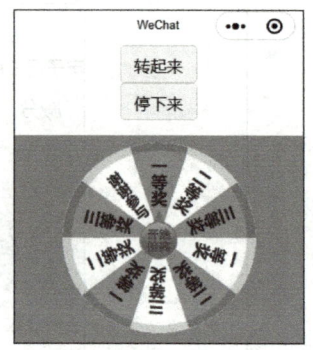

图 6-18 带指针的转盘

项目 7

数据库操作

项目情景

随着智能手机、平板计算机的普及，以及微信的广泛应用，微信小程序的应用也越来越火热。很多之前PC端的应用，现在都可以在微信或者微信小程序里面完成。近几年，微信小程序的应用需求呈爆发式增长，绝大部分微信小程序的应用都涉及数据库操作，那么微信小程序如何与后台数据系统交互？在微信小程序里面对数据库进行数据查询、添加、保存等操作，又是如何实现的？难度高吗？你想做小程序项目吗？如果有想法、有梦想，学好本项目，将助你圆梦。

对于千千万万的微信小程序应用，你有没有思考过这些小程序有哪些共性的东西？如果自己想参与微信小程序开发，那么必须掌握哪些技能？

学习目标

通过本项目的学习，掌握 MySQL 数据库操作、ThinkPHP 5.0 程序框架下载与使用、微信小程序请求处理等技能。

任务 1 准备好数据库

任务描述

使用 MySQL 数据库管理工具 Navicat for MySQL，或者 phpStudy 的 phpMyAdmin，连接到数据库服务器，建立数据库，准备好数据表与数据记录，如图 7-1 所示。

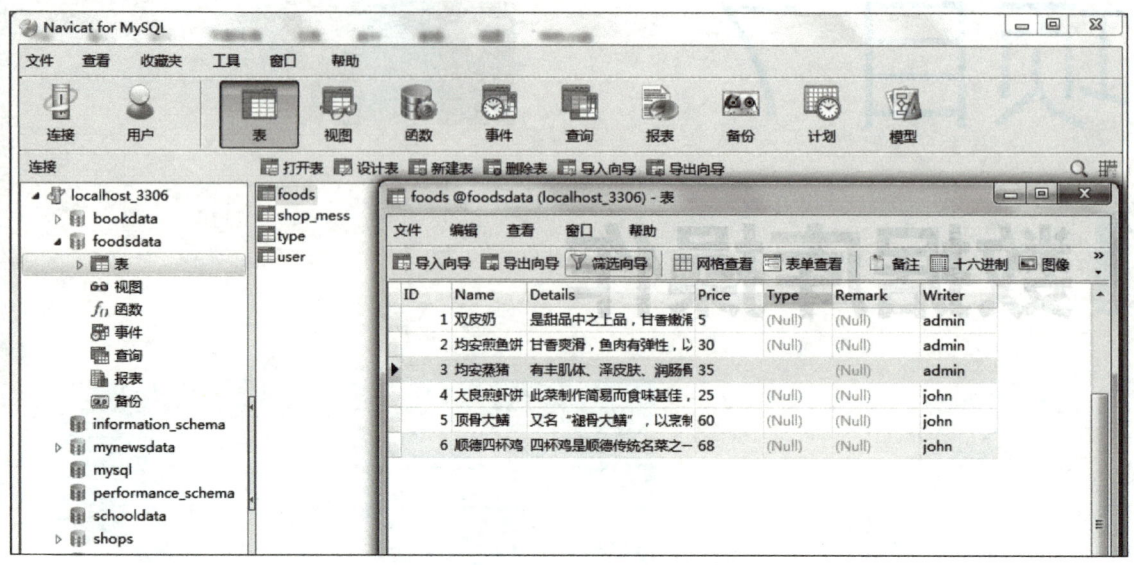

图 7-1 准备好数据表与数据记录

操作步骤

1 下载 phpStudy 工具，搭建 PHP 与 MySQL 服务器。在网上搜索 phpStudy 安装程序，按照安装向导完成安装，并启动 phpStudy 服务，如图 7-2 所示。

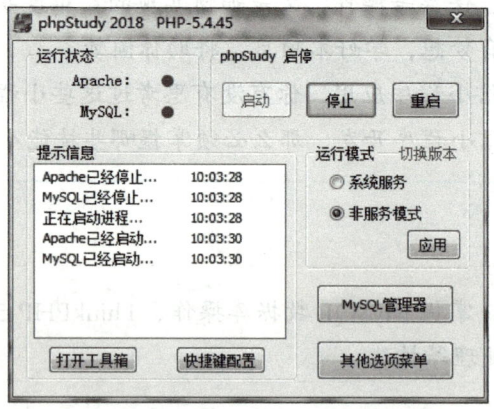

图 7-2 启动 phpStudy 服务

经验分享

phpStudy 是一个 PHP 调试环境的程序集成包。该程序包集成了最新的 Apache、PHP、MySQL、phpMyAdmin 等，一次性安装，无须配置即可使用，是非常方便、好用的 PHP 调试环境及 MySQL 数据库环境。

2 在网上搜索 Navicat for MySQL 安装程序，按照安装向导完成安装，并打开

Navicat for MySQL 工具，如图 7-3 所示。

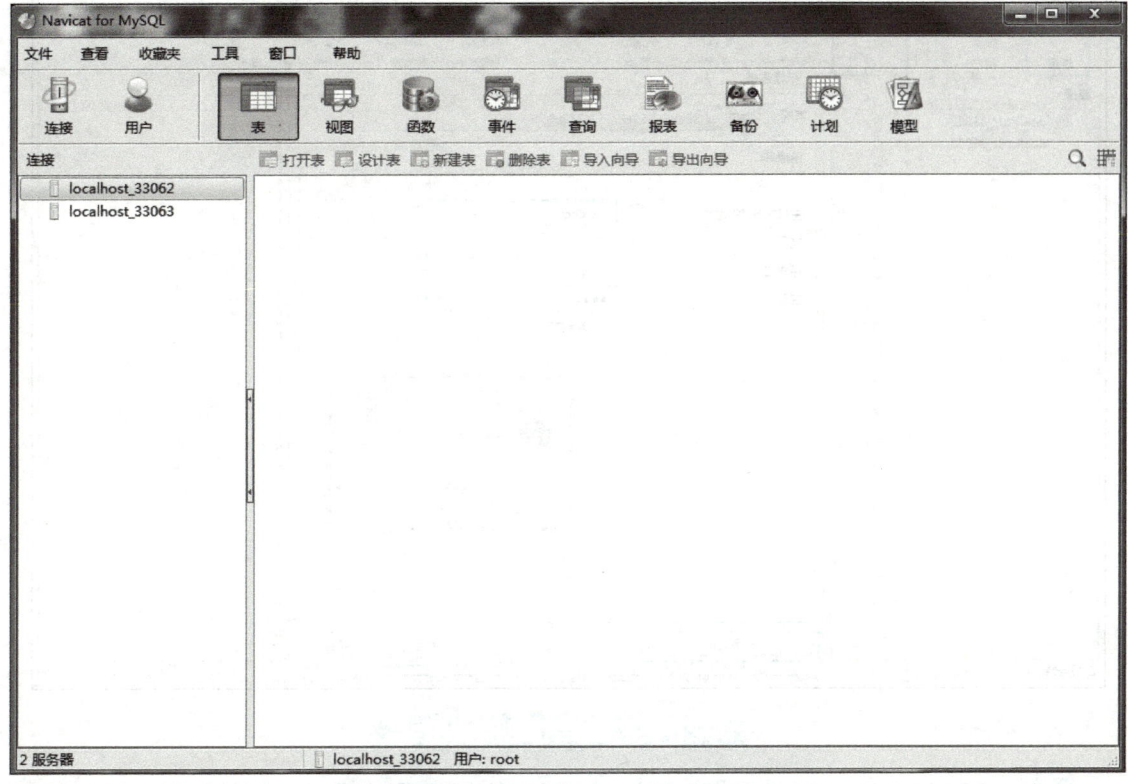

图 7-3　打开 Navicat for MySQL 工具

> **经验分享**
>
> 　　Navicat for MySQL 是管理和开发 MySQL 数据库的图形化工具。它是一套单一的应用程序，能同时连接 MySQL 和 MariaDB 数据库，并与阿里云、腾讯云和华为云等云数据库兼容，是全面的前端工具，为数据库管理、开发和维护提供了直观而强大的图形界面。

　　3 打开 MySQL 数据库管理工具 Navicat for MySQL，连接到数据库服务器。在 Navicat for MySQL 工具栏中单击 "连接" 图标，在弹出的 "新建连接" 对话框中输入 MySQL 数据库服务器的主机名或 IP 地址、端口、用户名、密码，如图 7-4 所示。

> **经验分享**
>
> 　　"主机名"用 localhost 表示，如果连接其他数据库服务器，则只需要输入对应数据库服务器的 IP 地址即可。"端口"是指 MySQL 服务端口，默认是 3306。安装时数据库默认为 MySQL，用户名、密码都是 root。

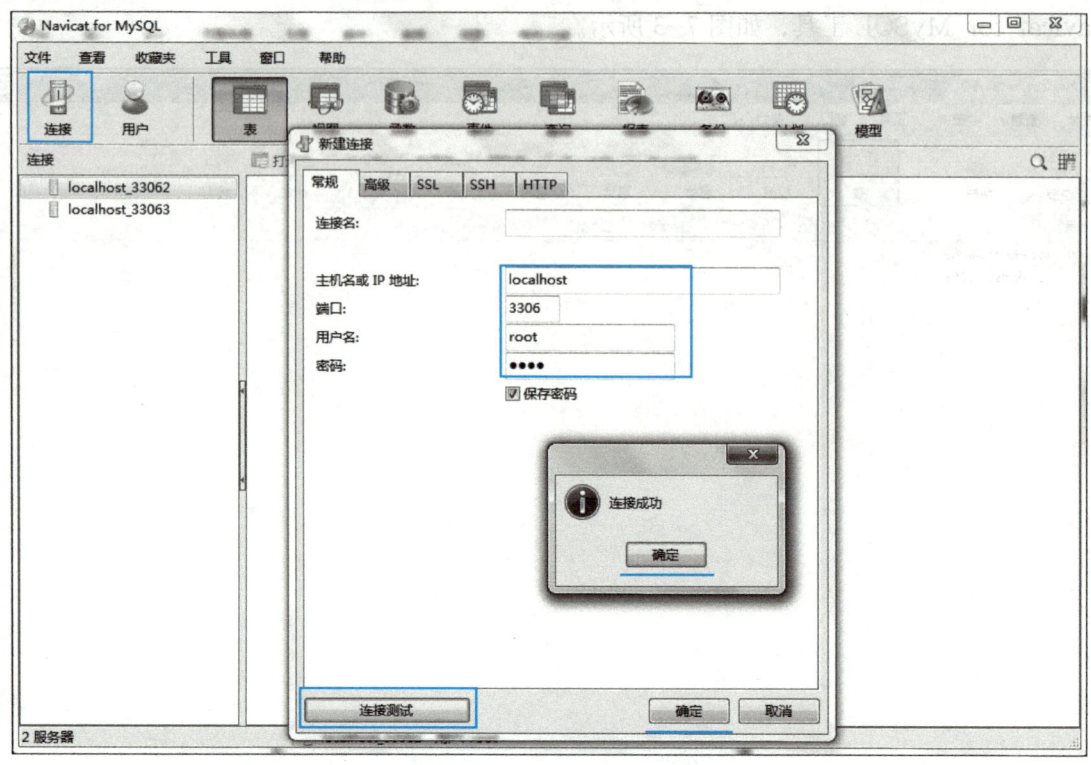

图 7-4 连接到数据库服务器

4 当 Navicat for MySQL 建立与 MySQL 数据库服务器的连接之后,可以看到 MySQL 服务器中列出来的数据库,如图 7-5 所示。

图 7-5 列出来的数据库

5 选中连接"localhost_3306",单击鼠标右键,选择菜单中的"新建数据库"命令,并在弹出的对话框中输入"数据库名"为"foodsdata",如图 7-6 和图 7-7 所示。

项目 7　数据库操作

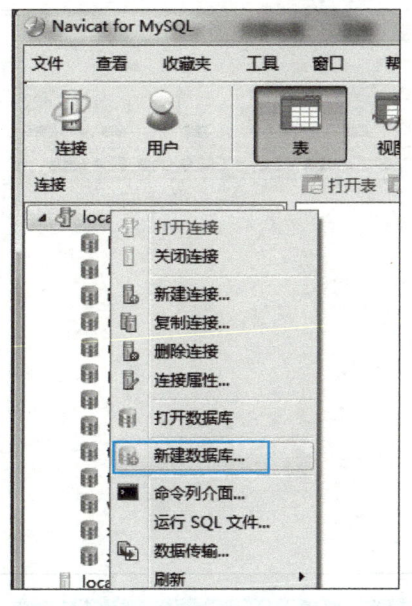

图 7-6　选择"新建数据库"命令

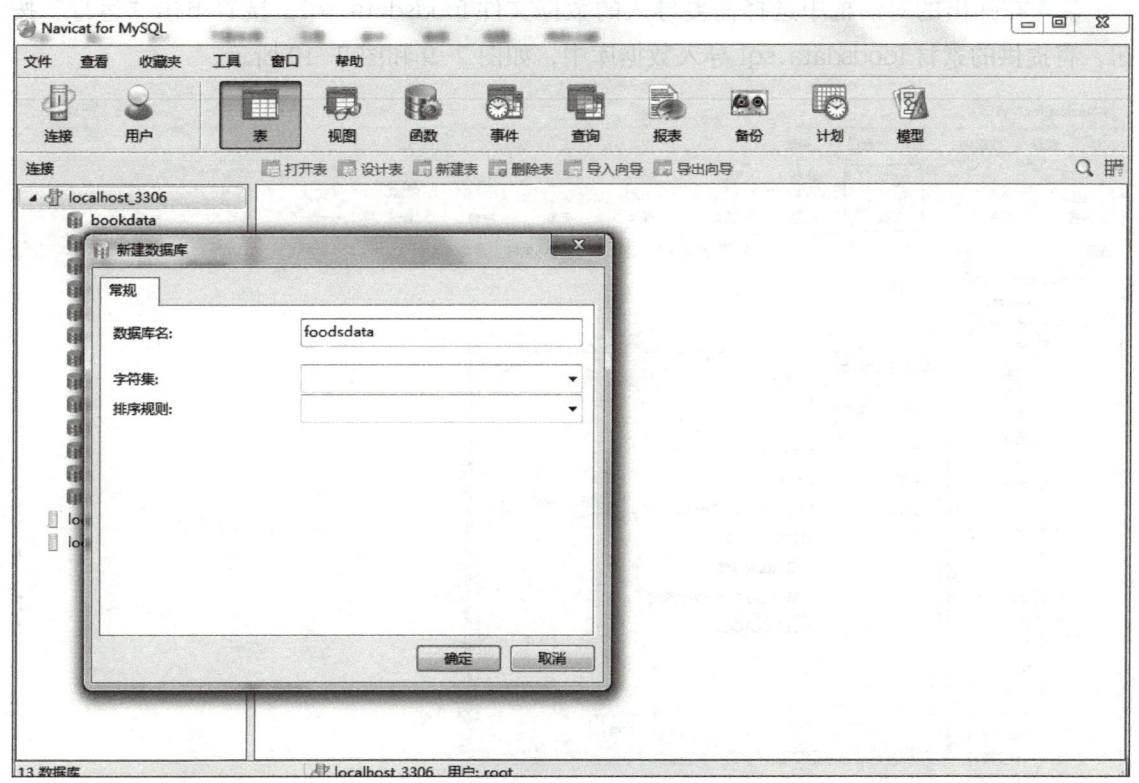

图 7-7　输入数据库名

6 选中刚刚建立的数据库 foodsdata，单击鼠标右键，在弹出的菜单中选择"运行 SQL 文件"命令，如图 7-8 所示。

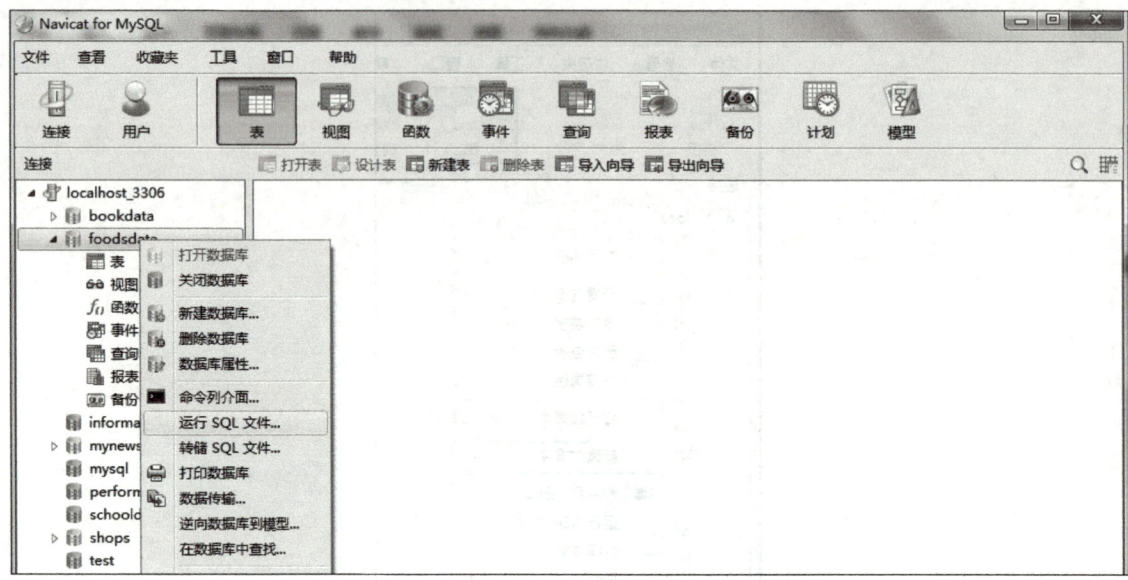

图 7-8 选择"运行 SQL 文件"命令

7 在弹出的对话框中选择需要导入的数据文件 foodsdata.sql，接着单击"运行"按钮，将提供的素材 foodsdata.sql 导入数据库中，如图 7-9 和图 7-10 所示。

图 7-9 导入数据文件

项目 7　数据库操作

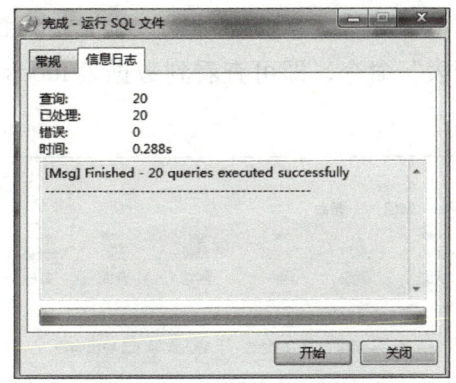

图 7-10　导入成功

8 查看数据库 foodsdata 中的数据表。选中数据库 foodsdata，单击鼠标右键，在菜单中选择"刷新"命令，即可看到导入数据文件后数据库 foodsdata 中所有的数据表，如图 7-11 和图 7-12 所示。

图 7-11　选择"刷新"命令

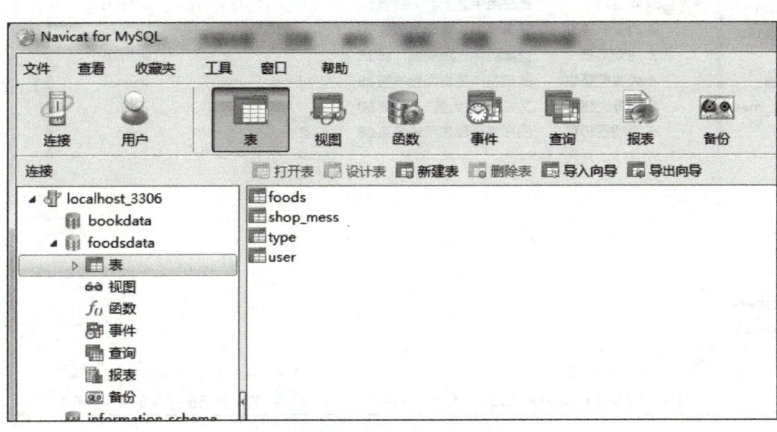

图 7-12　显示数据表

9 查看数据记录。在 Navicat for MySQL 显示数据表列表窗口中，选中数据表 foods，单击鼠标右键，选择"打开表"命令，即可查看到数据表 foods 的数据记录，如图 7-13 和图 7-14 所示。

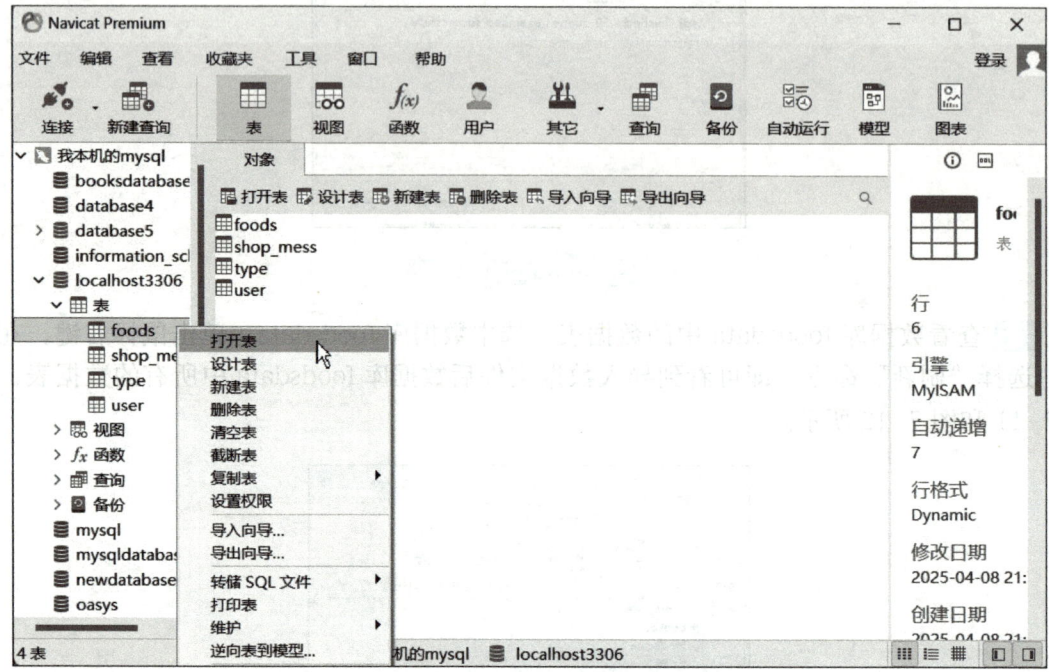

图 7-13 选择"打开表"命令

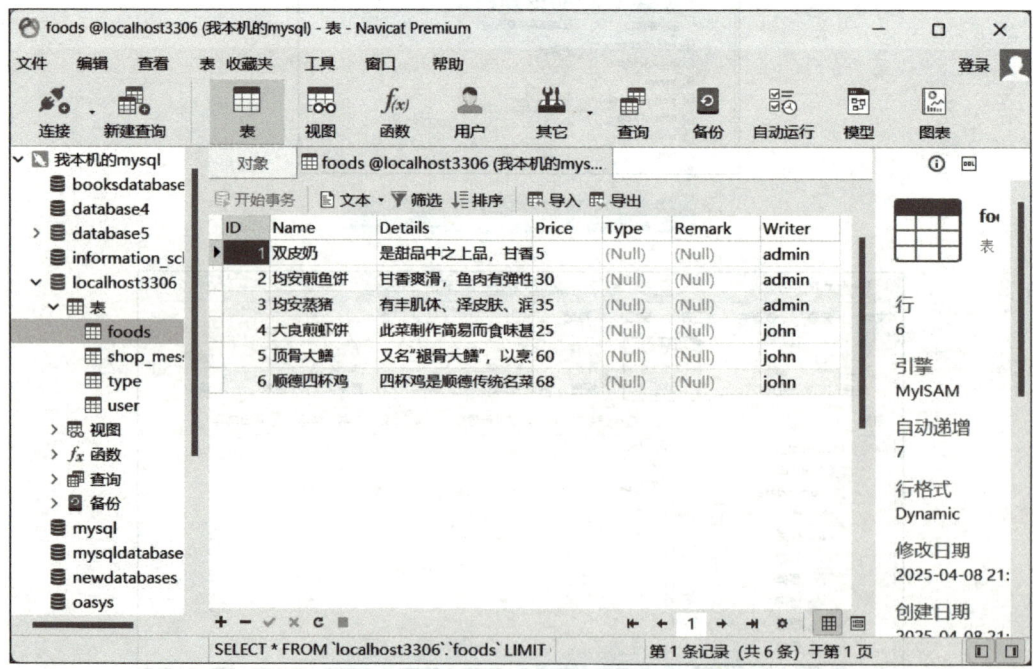

图 7-14 数据表 foods 的数据记录

项目 7　数据库操作

> **知识链接**
>
> 什么是数据库？
>
> 数据库是"按照数据结构来组织、存储和管理数据的仓库"，是一个存储在计算机内的、有组织的、可共享的、统一管理的大量数据的集合。计算机中的数据库与现实生活中工厂仓库、学校图书馆、超市仓库的作用有些相似，数据库可方便对数据、信息进行存取、管理。
>
> 常见的关系型数据库有哪些？
>
> 关系型数据库有 MySQL、SQL Server、Oracle、Sybase、DB2 等。关系型数据库是目前非常受欢迎的数据库管理系统，技术比较成熟。MySQL 是目前非常受欢迎的开源的 SQL 数据库管理系统。与其他的大型数据库 Oracle、DB2、SQL Server 等相比，MySQL 虽然有它的不足之处，但丝毫没有减少它受欢迎的程度。对于个人或中小型企业来说，MySQL 的功能已经够用了，MySQL 又是开源软件，因此没有必要花大精力和大价钱去使用大型付费数据库管理系统了。

任务 2　下载 ThinkPHP 框架，部署后台系统

任务描述

在学习后台系统的开发过程中，使用 ThinkPHP 框架开发系统，可以大大提高开发效率，也可提高系统安全性、健壮性。下面将介绍如何下载 ThinkPHP 框架，以及如何设置、使用 ThinkPHP 框架开发系统。ThinkPHP5.0.24 框架文件如图 7-15 所示。

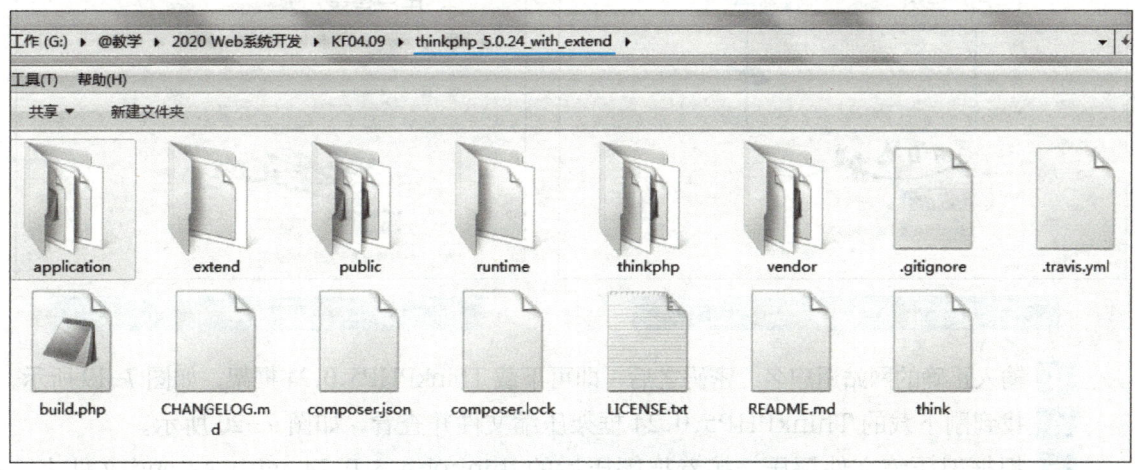

图 7-15　ThinkPHP5.0.24 框架文件

操作步骤

1 登录 ThinkPHP 官方网站，下载 ThinkPHP5.0.24 框架，如图 7-16 所示。

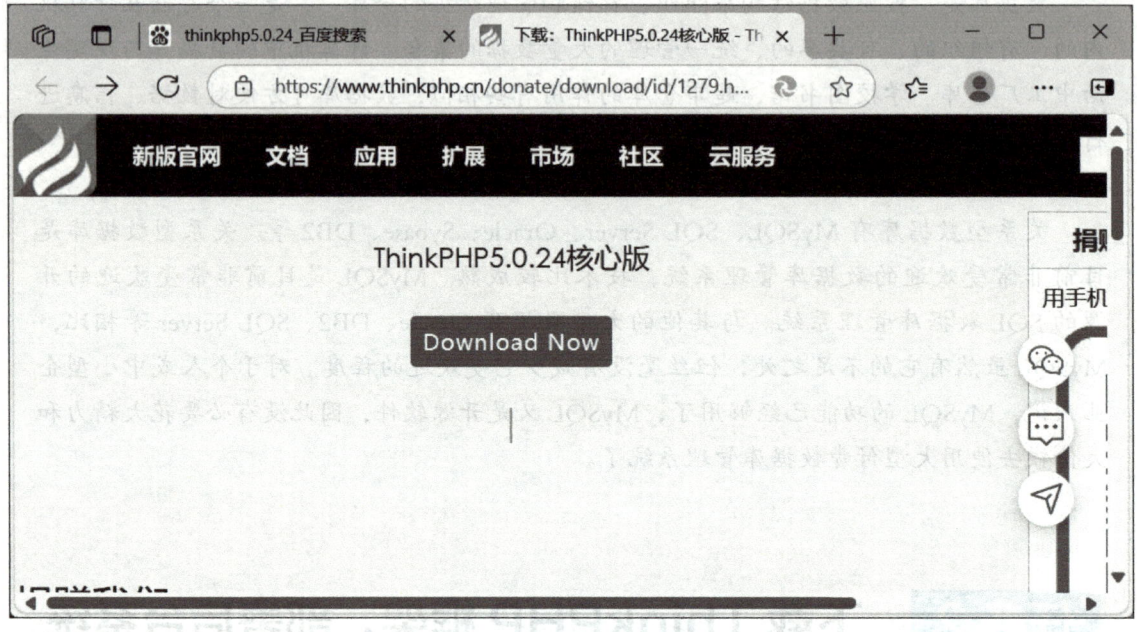

图 7-16 "下载"界面

2 单击图 7-16 中 "Download Now" 按钮，要求输入 ThinkPHP 网站账号。若无账号，新注册一个 ThinkPHP 网站账号即可。注册好用户账号之后，输入新注册的用户名、密码，如图 7-17 和图 7-18 所示。

图 7-17 输入新注册的用户名（1）   图 7-18 输入新注册的用户名（2）

3 输入正确的网站用户名、密码之后，即可下载 ThinkPHP5.0.24 框架，如图 7-19 所示。

4 找到刚下载的 ThinkPHP5.0.24 框架压缩文件并查看，如图 7-20 所示。

5 把框架压缩文件解压，接着把解压后的 thinkphp_5.0.24_with_extend 文件夹，复制、放置到 phpStudy 的网点运行根目录 WWW 下，如图 7-21 所示。

项目 7　数据库操作

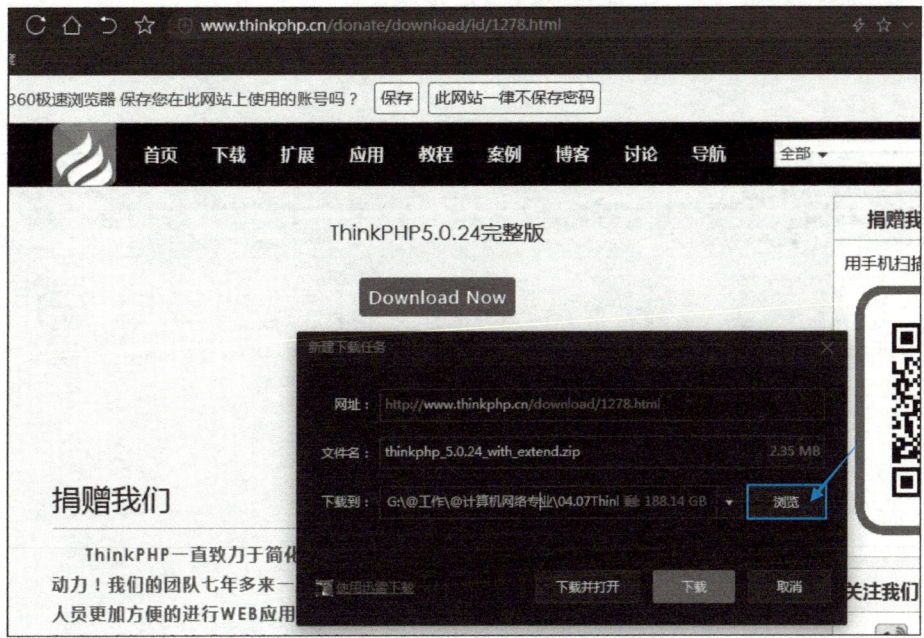

图 7-19　下载 ThinkPHP5.0.24 框架

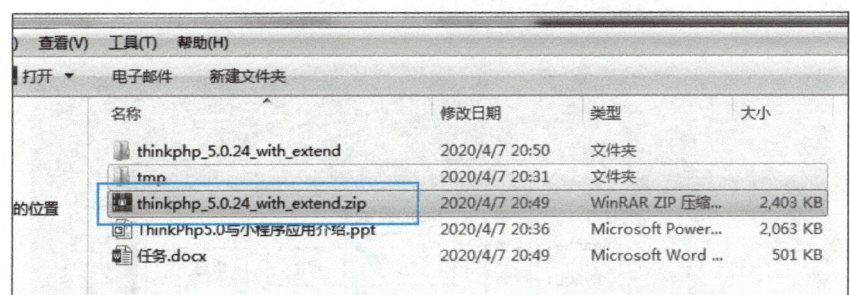

图 7-20　查看 ThinkPHP5.0.24 框架压缩文件

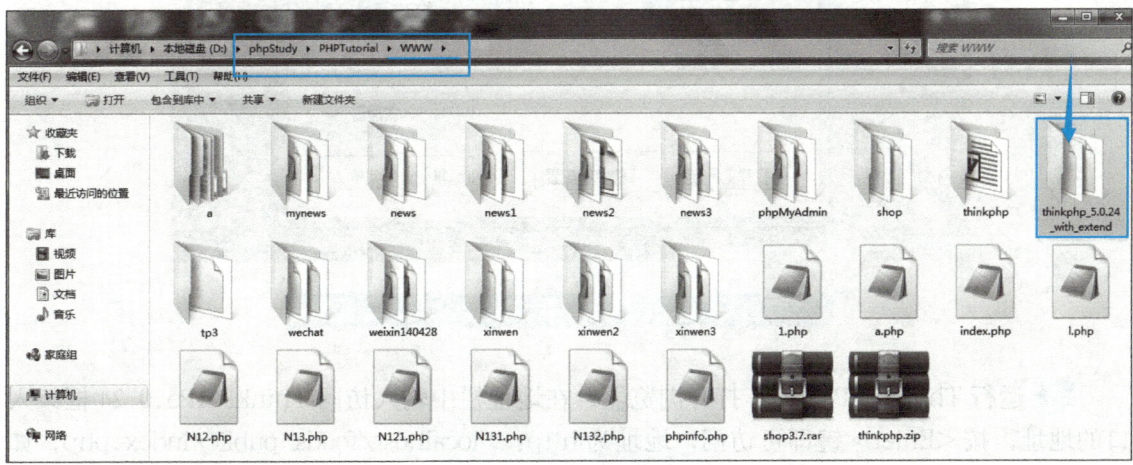

图 7-21　根目录 WWW

6 将文件夹 thinkphp_5.0.24_with_extend（框架文件夹）重命名为 foods，如图 7-22 所示。

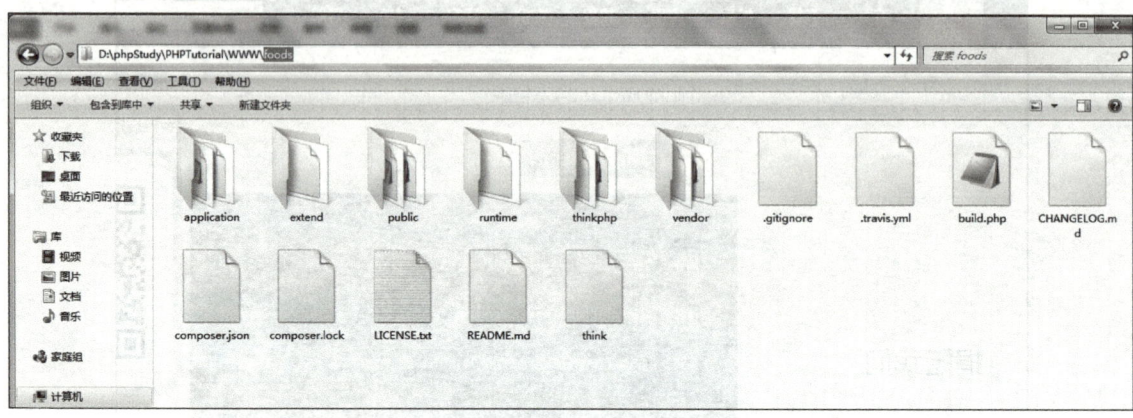

图 7-22　重命名为 foods

7 打开 phpStudy，启动 Apache 服务，以便测试 ThinkPHP 框架初始运行情况，如图 7-23 所示。

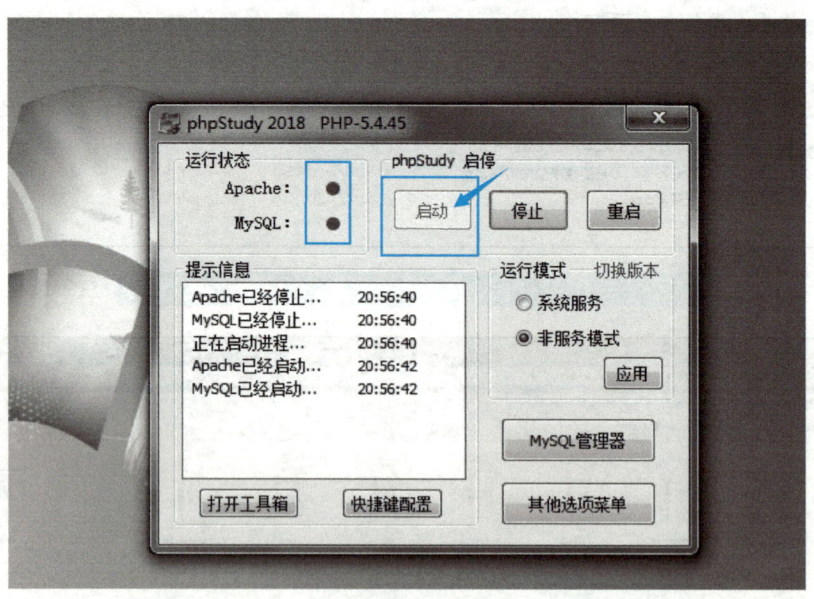

图 7-23　测试 ThinkPHP 框架初始运行情况

8 运行 ThinkPHP 框架。打开浏览器，在地址栏中输入访问 ThinkPHP5.0.24 框架入口的地址，按 <Enter> 键即可访问，地址为 http://localhost/foods/public/index.php，如图 7-24 所示。

项目 7　数据库操作

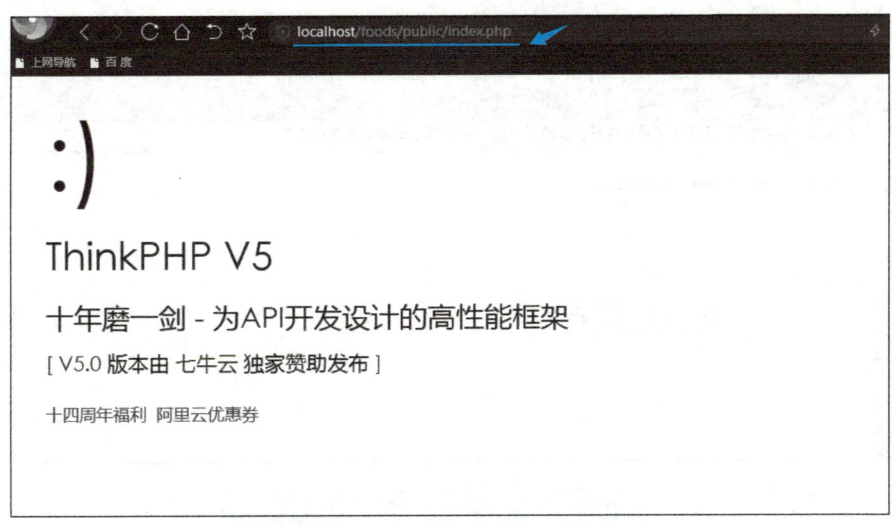

图 7-24　ThinkPHP5.0.24 框架入口的地址

经验分享

为了方便，可以将 ThinkPHP 框架 thinkphp_5.0.24 简称为 TP 5.0。TP 5.0 框架采用统一入口访问方式，入口文件是 public\index.php，具体可以查看 ThinkPHP 官网开发手册。

9 修改 ThinkPHP 首页内容，使用 Dreamweaver 或者其他 PHP 代码编辑工具打开文件 application\index\controller\index.php，如图 7-25 所示。

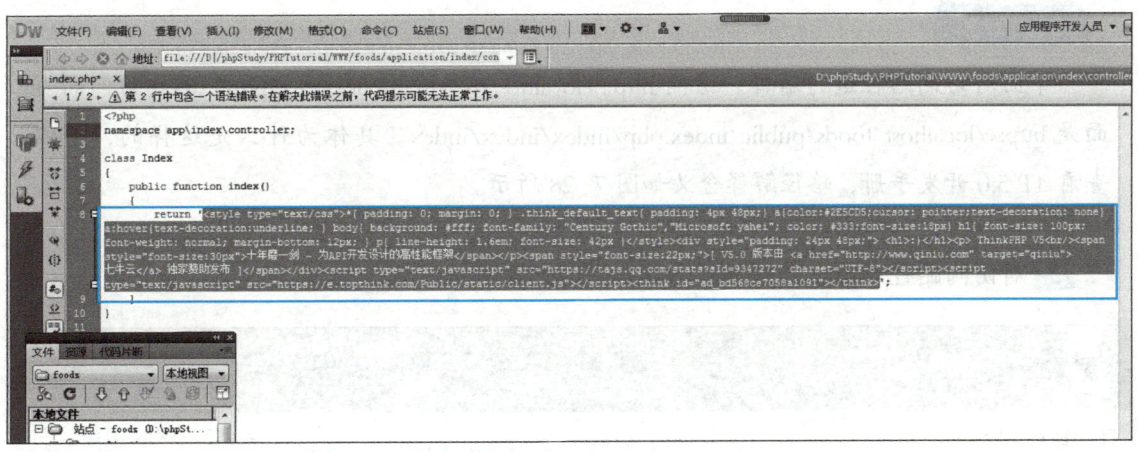

图 7-25　Index.php

10 修改函数 index() 的内容，修改后的内容返回"This is thinkphp"，如图 7-26 所示。

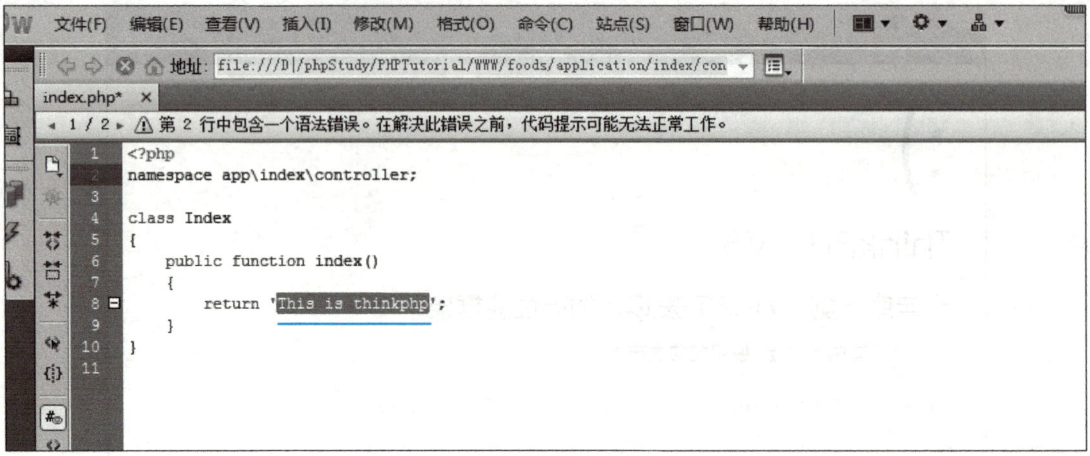

图 7-26　修改函数 index() 的内容

11 再次访问 ThinkPHP 首页。在浏览器地址栏输入地址 http：//localhost/foods/public/index.php，发送访问请求之后，即可看到显示内容发生了变化，显示页面效果如图 7-27 所示。

图 7-27　显示页面效果

> **经验分享**
>
> 下面对访问路径进行解释。访问 http://localhost/foods/public/index.php，其实访问的页面是 http://localhost/foods/public/index.php/index/index/index。具体为什么是这样的，可以查看 TP 5.0 开发手册，路径解释含义如图 7-28 所示。

12 对访问路径理解，路径解释含义如图 7-28 所示。

图 7-28　路径解释含义

项目 7　数据库操作

知识链接

● ThinkPHP 是什么。

ThinkPHP 是一个免费、开源、快速、简单的，面向对象的轻量级 PHP 开发框架，创立于 2006 年初，遵循 Apache 2 开源协议发布，是为了简化 Web 应用开发和简化企业应用开发而诞生的。

ThinkPHP 自身包含了底层架构、兼容处理、基类库、数据库访问层、模板引擎、缓存机制、插件机制、角色认证、表单处理等常用的组件，并且进行跨版本、跨平台和跨数据库移植都比较方便。每个组件都是经过精心设计和完善的，对于很多底层技术，ThinkPHP 框架都已经帮开发者铺垫好，直接使用即可。程序编写者只要关注业务逻辑即可，可提高开发人员的工作效率。

● ThinkPHP 框架。

1）要查看 ThinkPHP 框架的使用文档以及开发手册，可以登录 ThinkPHP 官网，访问教程栏目，地址是 https://www.kancloud.cn/manual/ThinkPHP5。

2）ThinkPHP 框架文件目录见开发文档，如图 7-29 所示。

3）ThinkPHP 的入口文件是 public\index.php，具体说明可查看开发文档，如图 7-30 所示。

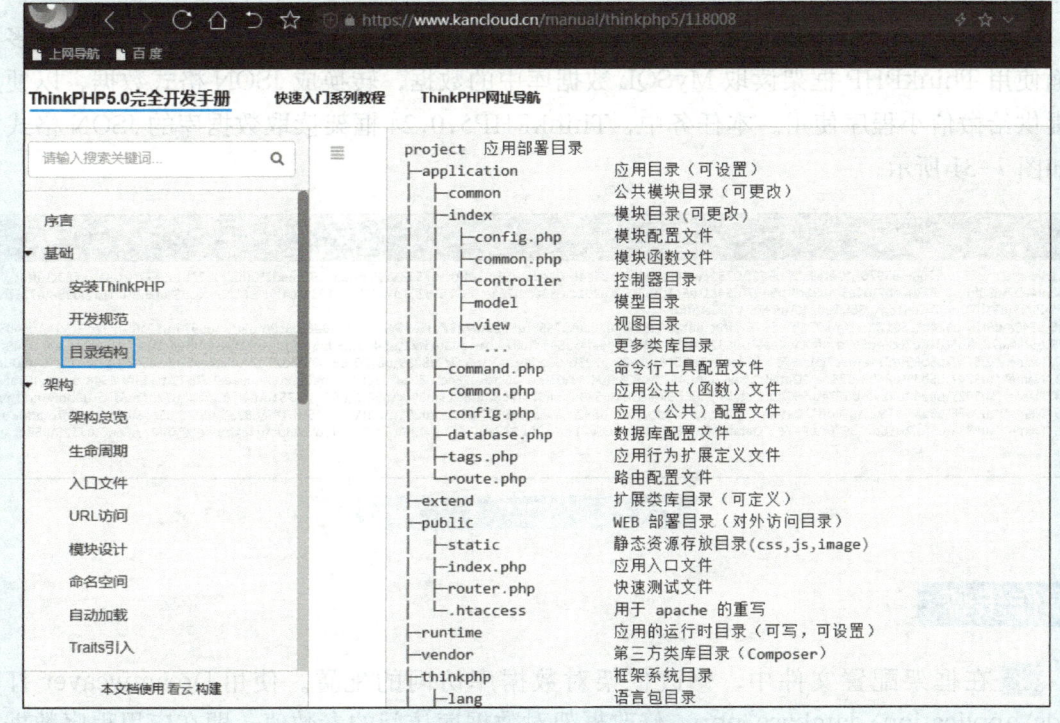

图 7-29　框架文件目录

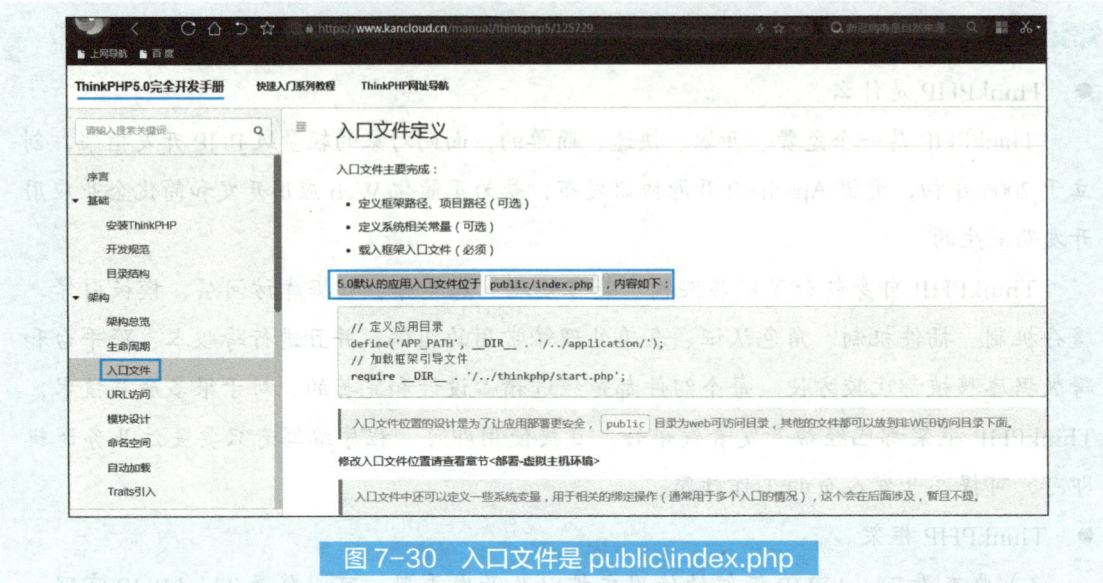

图 7-30　入口文件是 public\index.php

任务 3　读取数据库，返回 JSON 格式数据

任务描述

经过对 ThinkPHP 深入学习，通过 ThinkPHP 框架进行程序开发的效率会提高很多。下面使用 ThinkPHP 框架读取 MySQL 数据库中的数据，转换成 JSON 格式数据，以便后面提供给微信小程序使用。本任务中，ThinkPHP5.0.24 框架读取数据库的 JSON 格式数据如图 7-31 所示。

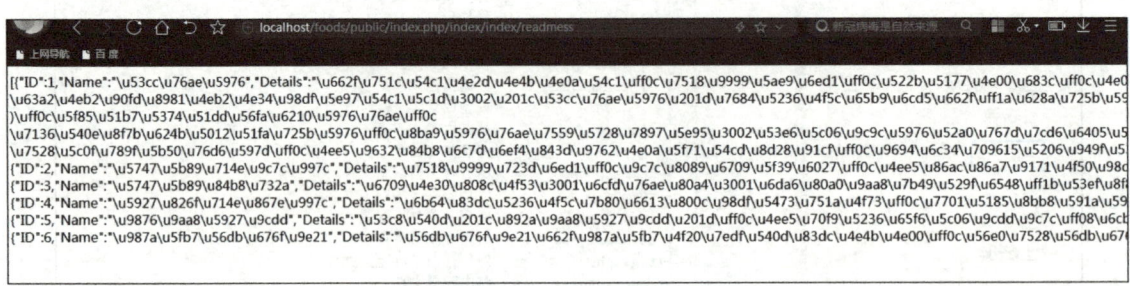

图 7-31　JSON 格式数据

操作步骤

1 在框架配置文件中，修改框架对数据库访问的配置。使用 Dreamweaver 打开 foods\application\database.php，修改框架对数据库访问的参数值，即在应用程序数据库访问配置文件中修改配置。打开框架数据库配置文件 application\database.php，设置数据

— 214 —

项目 7 数据库操作

库主机地址为 hostname、数据库名称为 database、数据库访问用户名为 username、数据库访问密码为 password，如图 7-32 所示。

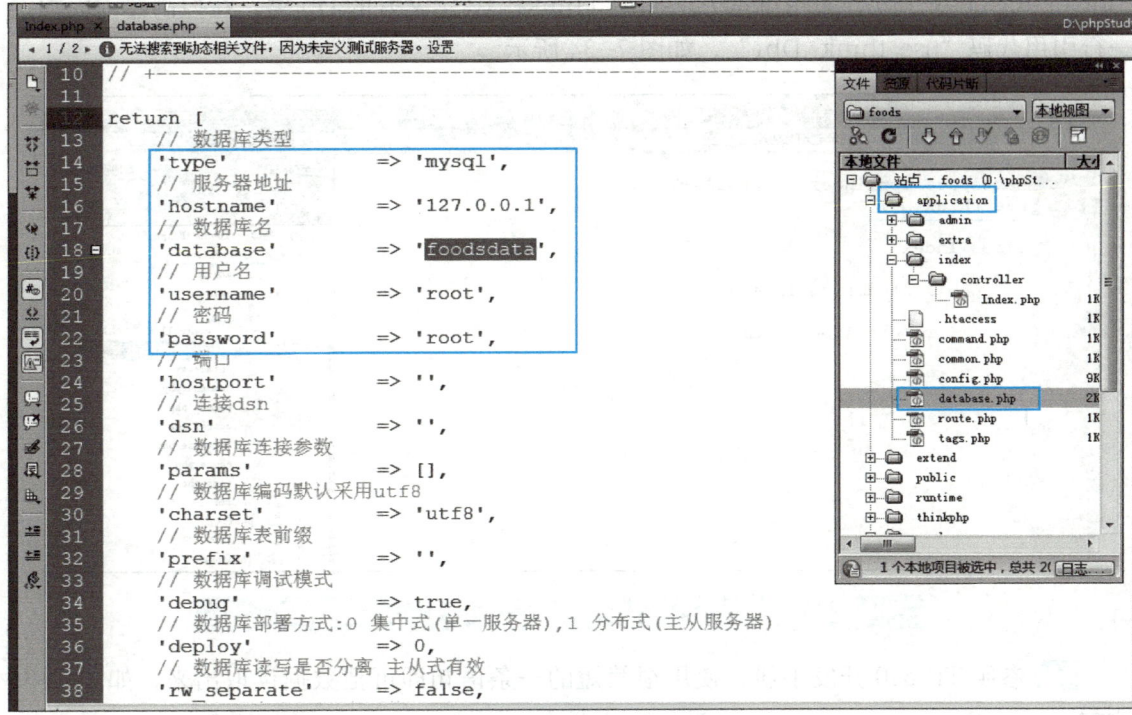

图 7-32 数据库配置

2 配置框架的应用程序配置文件 application\config.php，如图 7-33 所示。开启程序调试模式，显示程序报错信息。

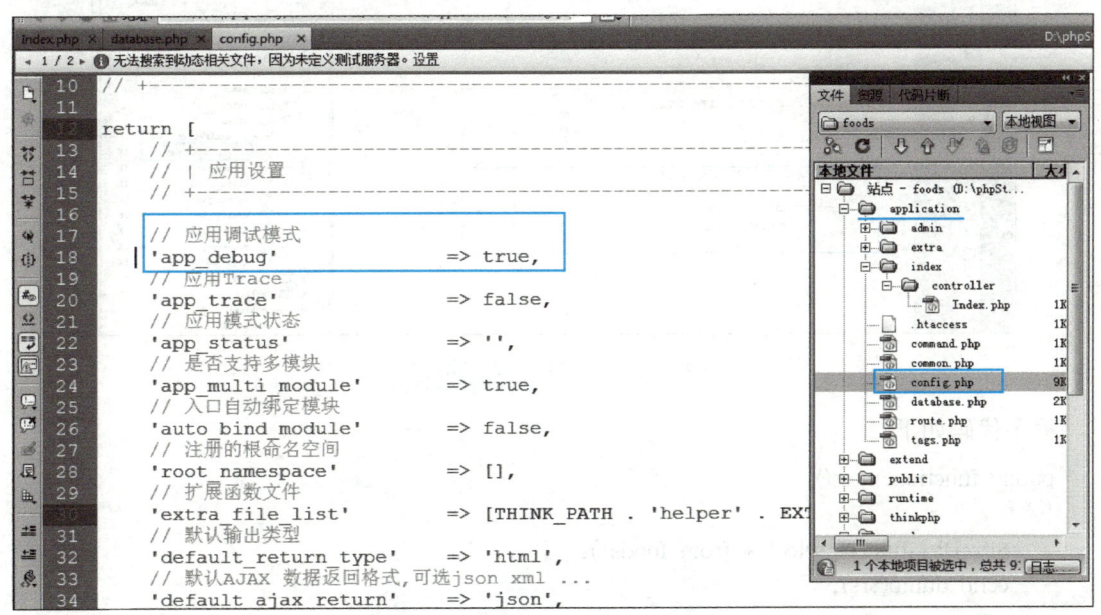

图 7-33 应用程序配置文件

3 配置框架数据库访问信息之后，下面用 ThinkPHP 的方法来读取 MySQL 数据库的数据，使用 Dreamweaver 或者其他 PHP 代码编辑工具打开文件 application\index\controller\index.php，采用继承方法调用 ThinkPHP 定义好的 Db 类，在控制器前面加上一行引用代码"use think\Db;"，如图 7-34 所示。

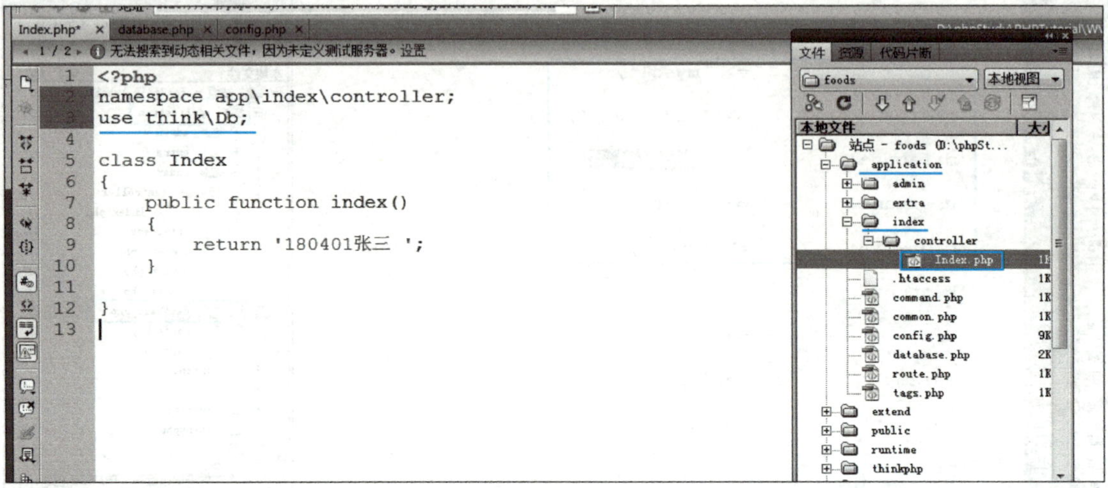

图 7-34 使用 ThinkPHP 的方法读取 MySQL 数据库的数据

4 参照 TP 5.0 开发手册，使用很简短的一条语句即可把数据读取出来，如图 7-35 所示。

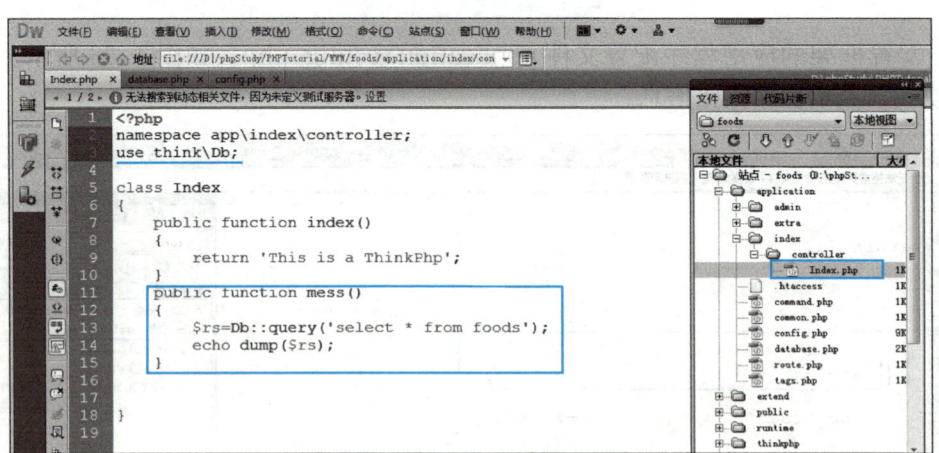

图 7-35 把数据读取出来

程序代码如下：

```php
public function mess()
{
    $rs=Db::query('select * from foods');
    echo dump($rs);
}
```

项目 7　数据库操作

经验分享

TP 5.0 读取数据库的方法（即查询数据库数据记录的方法）还有好几种，具体见开发手册。

5 打开浏览器，读取数据库的结果，在浏览器中输入访问 mess() 函数的地址，如图 7-36 所示，数据库中的数据表 foods 记录显示出来。

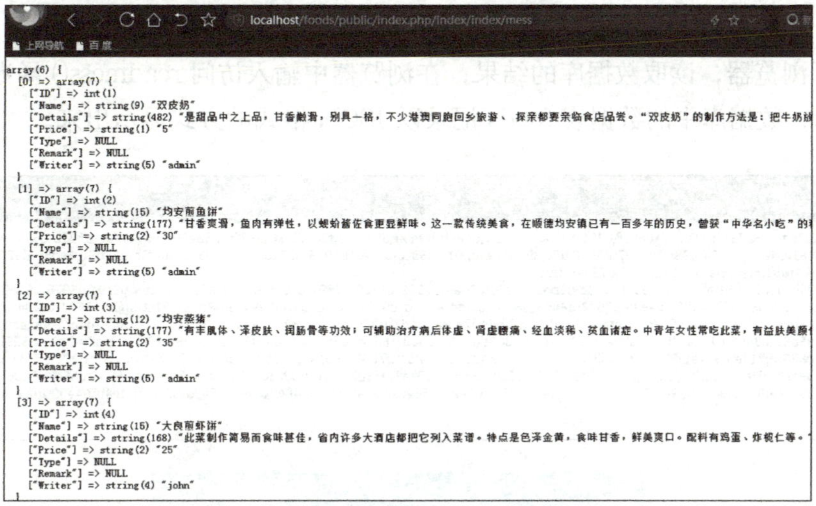

图 7-36　记录显示

6 接下来继续在控制器 index.php 文件中编写 readmess() 函数，将读取出来的数据转换成 JSON 格式，给小程序使用。首先参照步骤 5 中的方法，根据开发手册编写读取数据库语句，把数据读取出来，保存在数据集变量 $rs 中，接着把读取出来的数据通过调用函数 json_encode() 把数据集 $rs 转换成 JSON 格式，如图 7-37 所示。

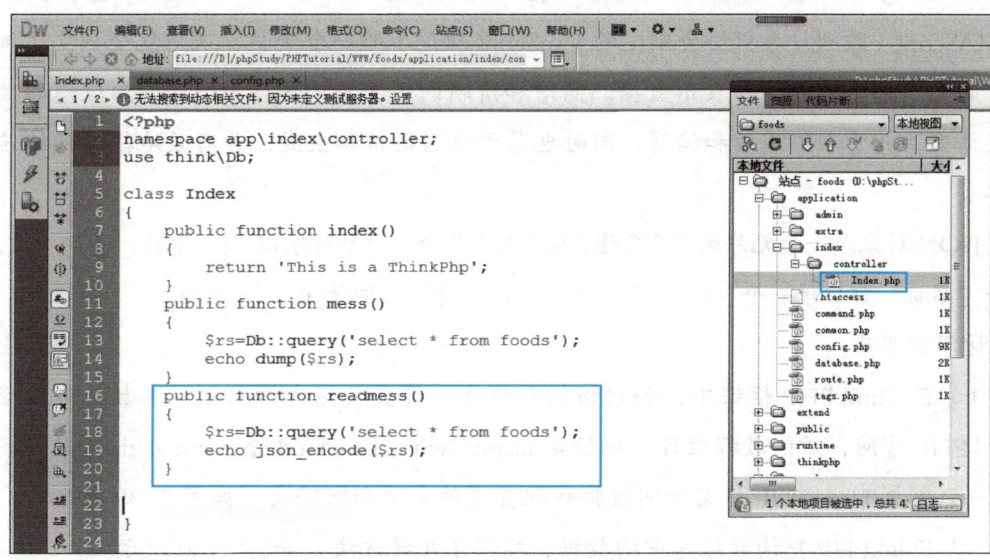

图 7-37　调用函数 json_encode()

程序代码如下：

```
public function readmess()
{
    $rs=Db::query('select * from foods');
    echo json_encode($rs);
}
```

7 打开浏览器，读取数据库的结果，在浏览器中输入访问 readmess() 函数的地址，如图 7-38 所示，数据库中的数据表 foods 记录以 JSON 格式的方式显示出来。

图 7-38 以 JSON 格式的方式显示出来

知识链接

● 什么是 JSON 格式数据？

JSON（JavaScript Object Notation）是一种轻量级的数据交换格式。它基于 ECMAScript（欧洲计算机协会制定的 JavaScript 规范）的一个子集，采用完全独立于编程语言的文本格式来存储和表示数据。简洁和清晰的层次结构使得 JSON 成为理想的数据交换语言，易于人们阅读和编写，同时也易于机器解析和生成，并有效地提升网络传输效率。

JSON 对象是一个无序的"'名称/值'对"集合。一个对象以"{"开始，以"}"结束。每个"名称"都后跟一个":"。"'名称/值'对"之间使用","分隔。

● 访问数据库。

1）在 ThinkPHP 框架中，如何访问数据库，设置数据库访问配置参数，可以登录 ThinkPHP 官网，访问教程栏目，地址是 https://www.kancloud.cn/manual/thinkphp5。

2）查看 ThinkPHP 框架访问数据库配置文件参数如何修改，如图 7-39 所示。

3）ThinkPHP 查询数据库中的数据，提供了几种方法，如图 7-40 所示。

项目 7　数据库操作

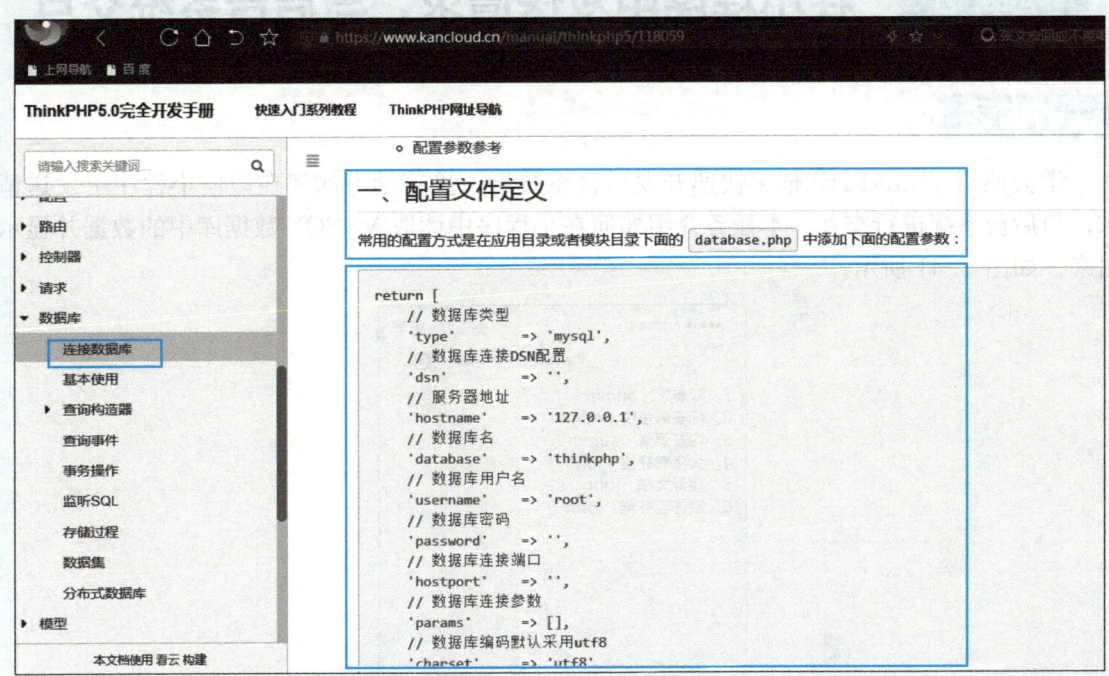

图 7-39　查看数据库配置文件参数如何修改

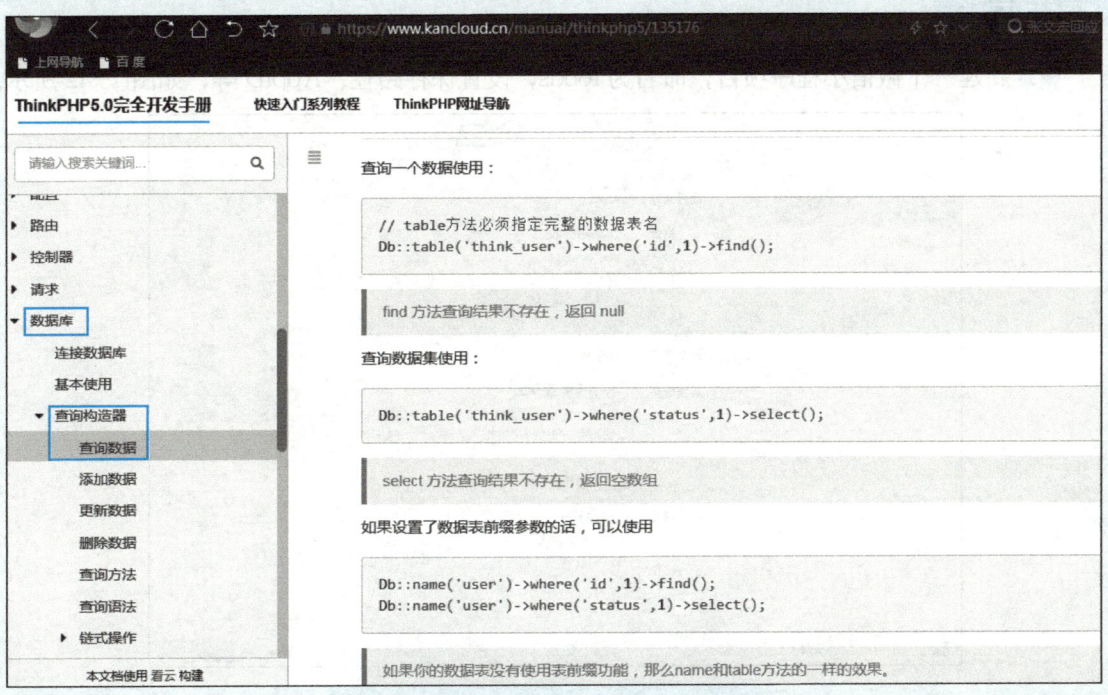

图 7-40　查询数据库中的数据

任务 4 在小程序中发送请求，与后台系统交互

任务描述

学会使用 ThinkPHP 框架快速开发后台系统后，接着学习如何在微信小程序中发送请求，与后台系统进行交互。本任务介绍如何在小程序中读取 MySQL 数据库中的数据并显示出来，如图 7-41 所示。

图 7-41 读取 MySQL 数据库中的数据并显示出来

操作步骤

1 新建一个微信小程序项目，命名为 foods，设置保存路径、AppID 等，如图 7-42 所示。

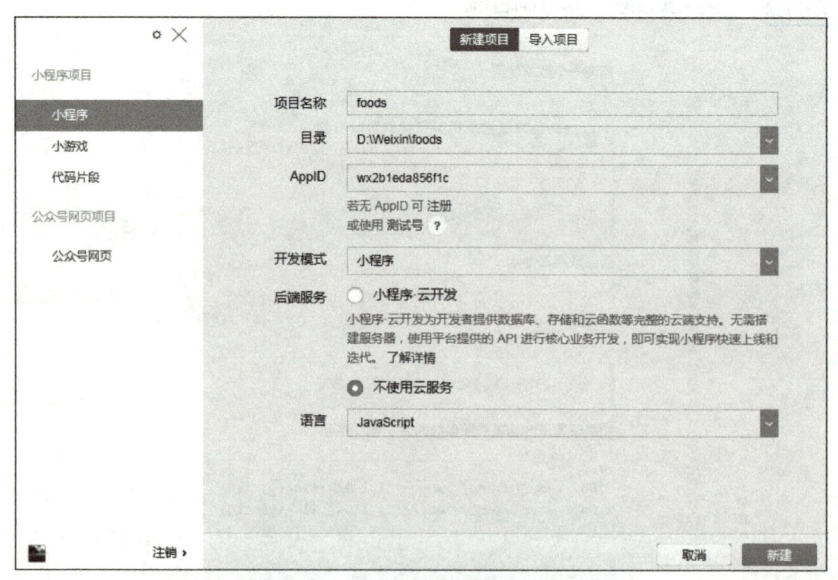

图 7-42 新建一个微信小程序项目

2 打开新建的微信小程序项目，如图 7-43 所示。

项目 7　数据库操作

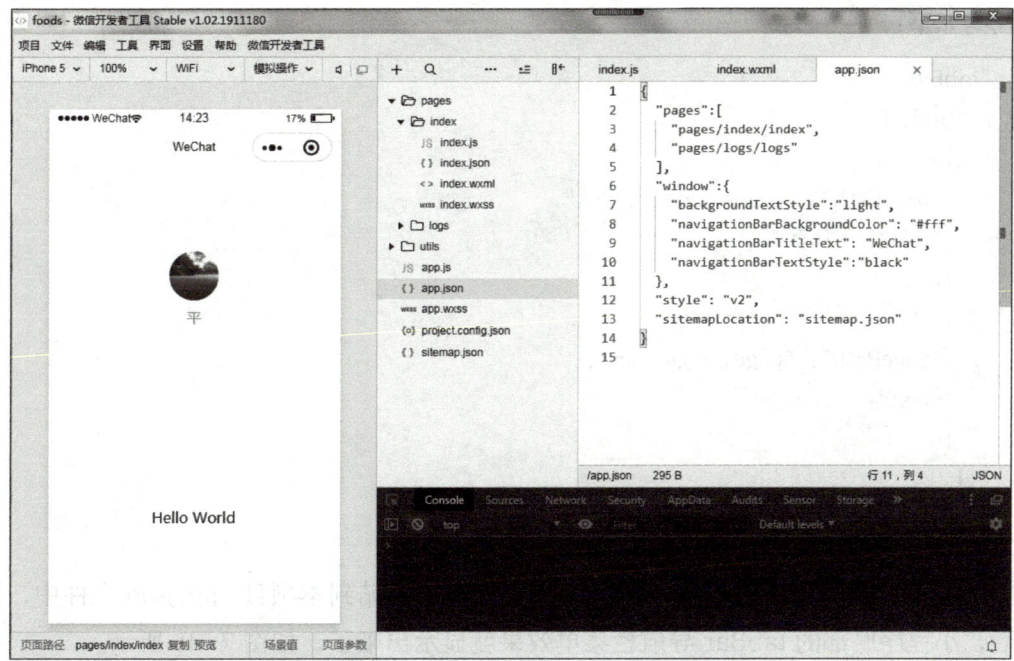

图 7-43　打开新建的微信小程序项目

3 查看 app.json 配置示例，在示例中查看关于 tabBar 的设置，选中且复制 tabBar 代码，如图 7-44 所示。

图 7-44　tabBar 的设置

代码如下:

```json
"tabBar": {
  "list": [
    {
      "pagePath": "pages/index/index",
      "text": "首页"
    },
    {
      "pagePath": "pages/logs/logs",
      "text": "日志"
    }
  ]
}
```

4 将开发文档配置示例中的 tabBar 代码复制、粘贴到本项目 app.json 文件中,保存项目后,小程序底部的 tabBar 导航栏菜单效果就显示出来了,如图 7-45 所示。

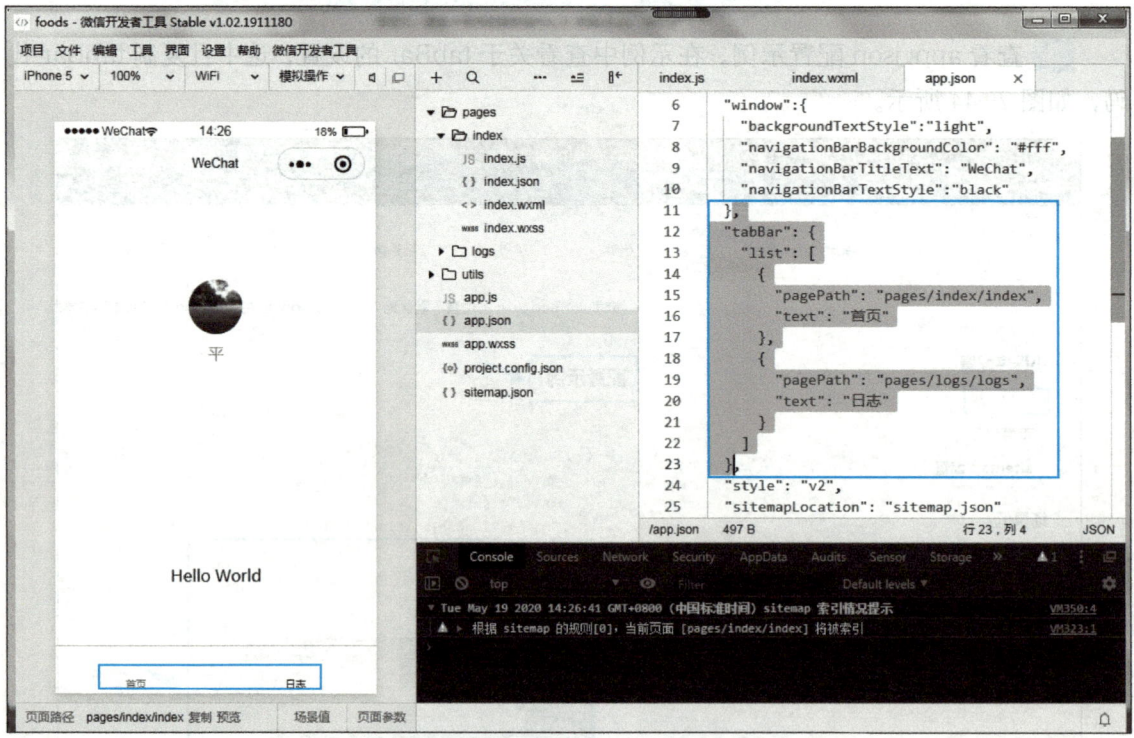

图 7-45 tabBar 导航栏菜单效果

5 打开页面 index.js,清空 index.js 文件的代码,如图 7-46 所示。

项目 7　数据库操作

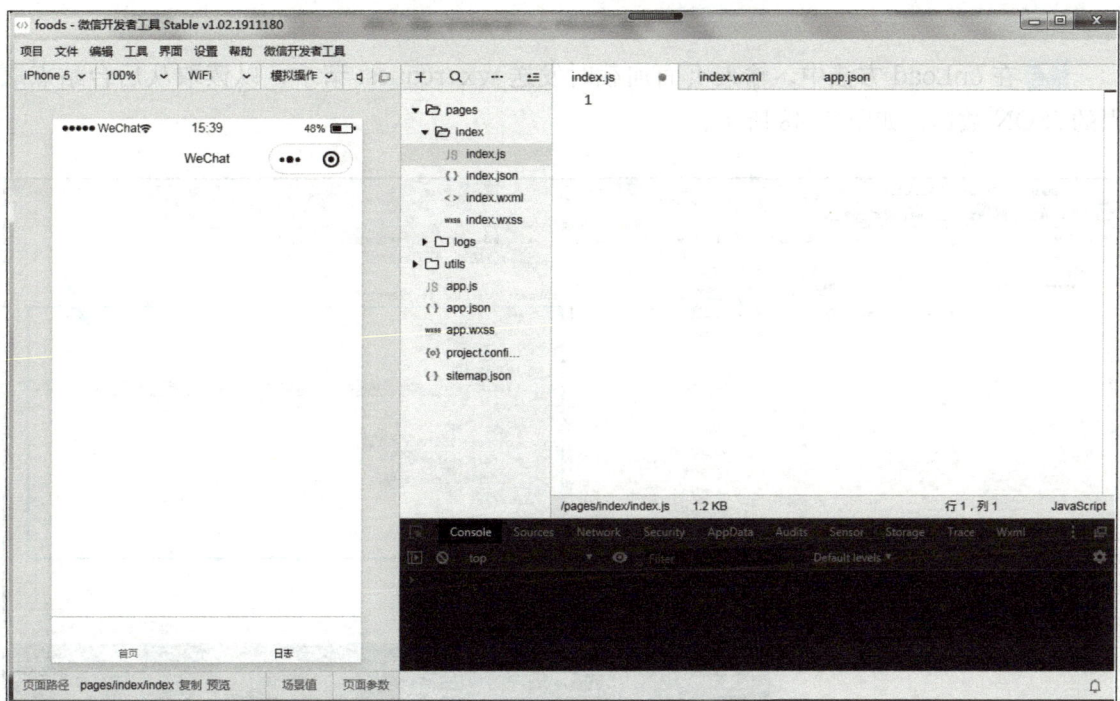

图 7-46　清空 index.js 文件的代码

6 在 index.js 中，使用 page 方法初始化页面，如图 7-47 所示。

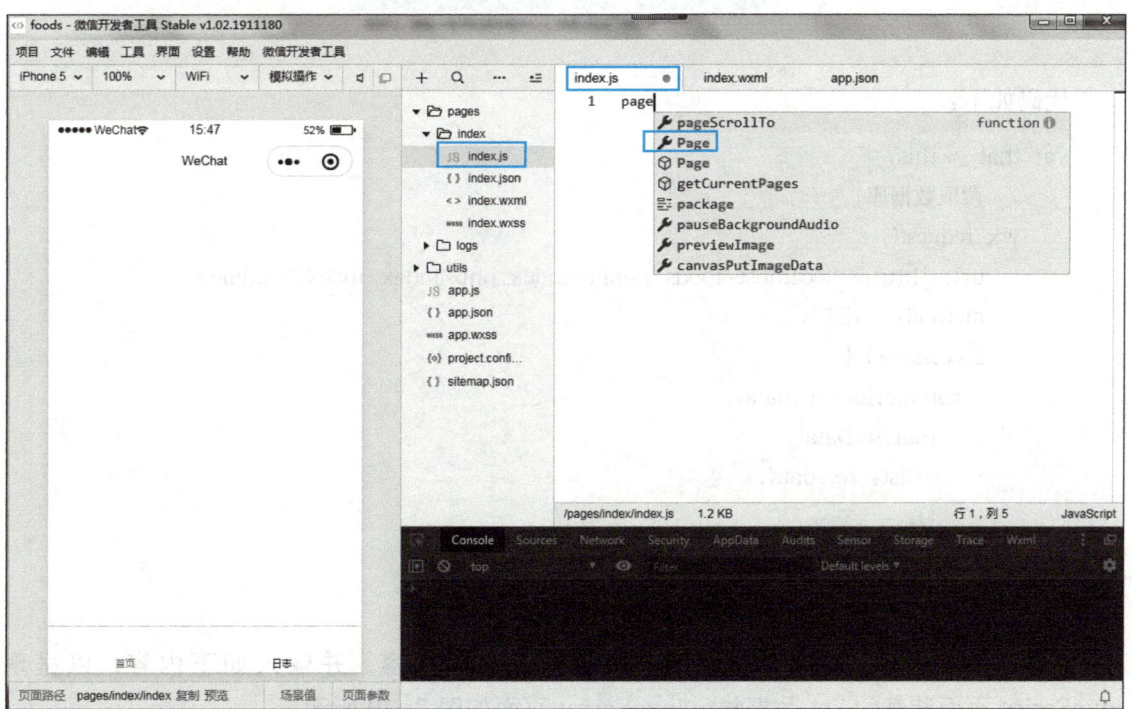

图 7-47　使用 page 方法初始化页面

7 在 onLoad 方法中，输入页面加载时发送 wx.request 请求，以读取从后台站点取得的 JSON 数据，如图 7-48 所示。

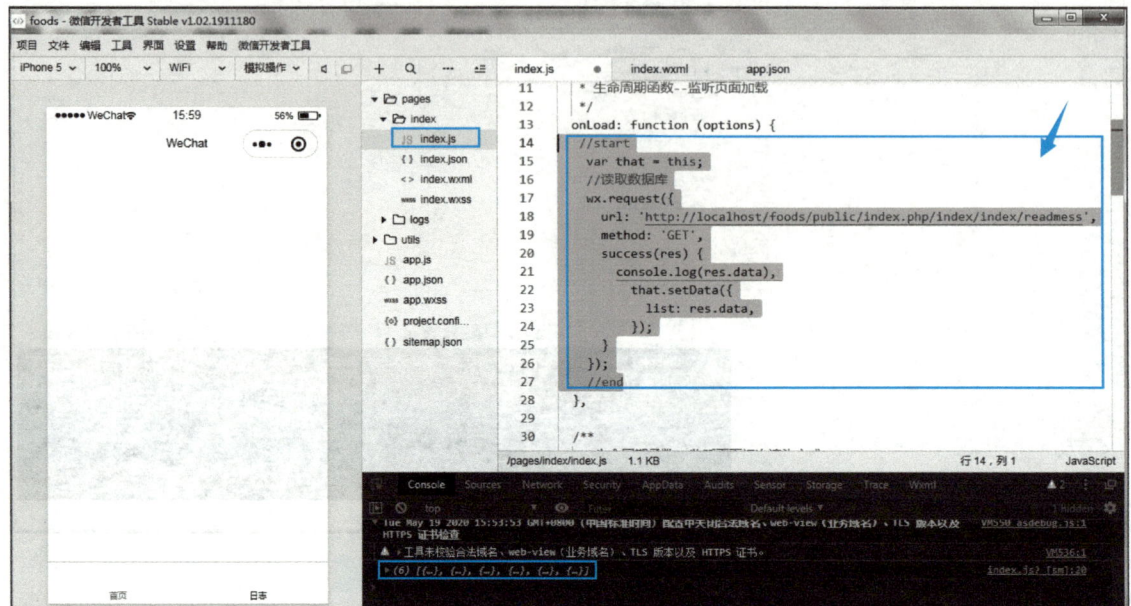

图 7-48 发送 wx.request 请求

代码如下：

```
var that = this;
    // 读取数据库
    wx.request({
        url: 'http://localhost/foods/public/index.php/index/index/readmess',
        method: 'GET',
        success(res) {
          console.log(res.data),
            that.setData({
              list: res.data,
            });
        }
    });
```

8 打开 index.wxml 页面，清空此页面之前的内容，并输入如下内容，以呈现 JavaScript 页面装载的 list 数据集，JavaScript 页面如图 7-49 所示。

项目 7 数据库操作

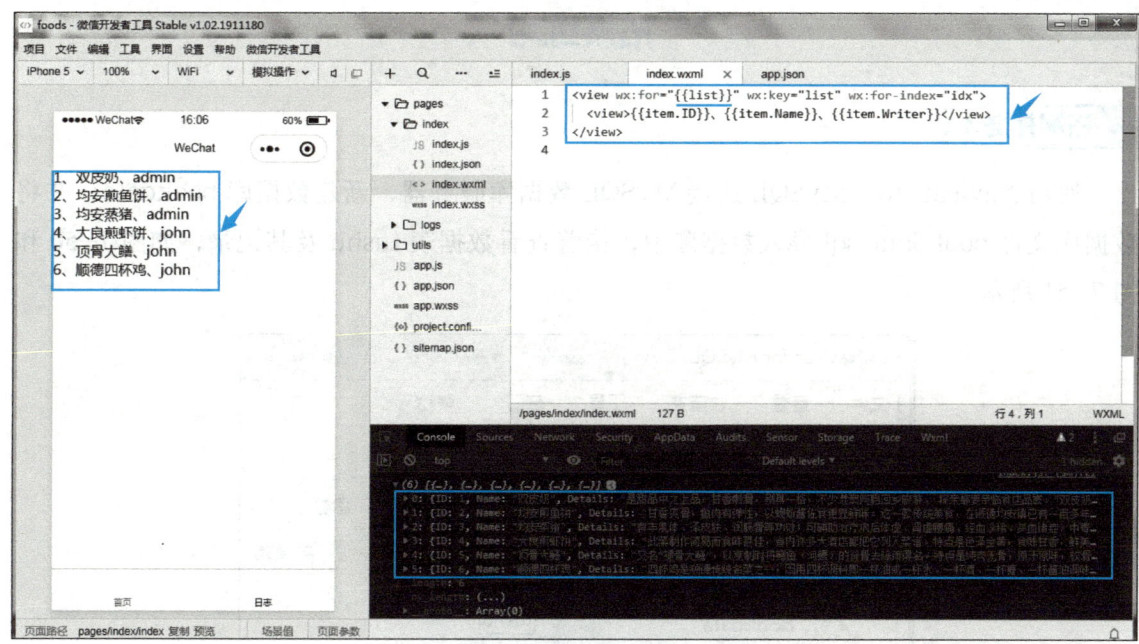

图 7-49 JavaScript 页面

代码如下：

```
<view wx:for="{{list}}" wx:key="list" wx:for-index="idx">
  <view>{{item.ID}}、{{item.Name}}、{{item.Writer}}</view>
</view>
```

9 保存项目。

知识链接

什么是微信小程序请求？

wx.request 发起 HTTPS 网络请求，使用前请先阅读微信小程序开发手册。它是微信小程序与后台系统、数据库进行交互的一种传输模式。

项目总结

本项目主要讲解如何采用 phpStudy 工具为小程序搭建 PHP 网站后台。其中的核心知识包括 MySQL 数据库的配置、小程序获取数据库记录等。掌握小程序对数据记录的操作，是使用小程序开发项目的一部分核心技能。要真正熟练掌握，还需要进行更多的练习。

拓展练习

拓展任务 1

使用 Navicat for MySQL 连接 MySQL 数据库服务器，新建数据库 bookdata，并将数据库文件 bookdata.sql 导入数据库中，接着查看数据表 tushu 及其记录，如图 7-50 和图 7-51 所示。

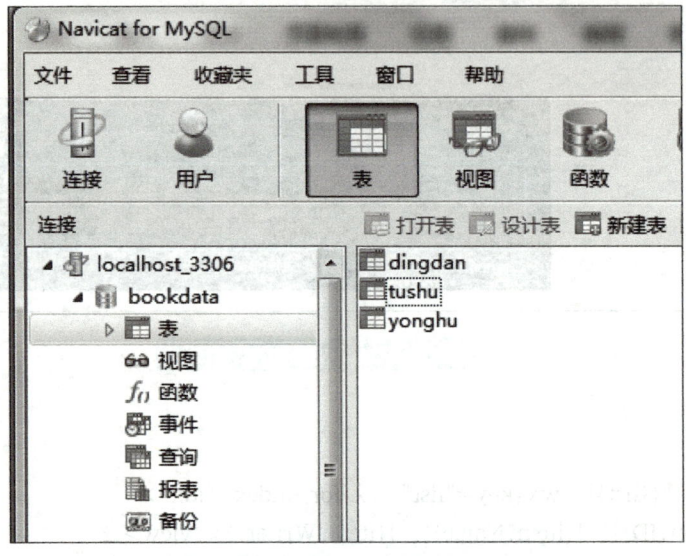

图 7-50　查看数据表 tushu

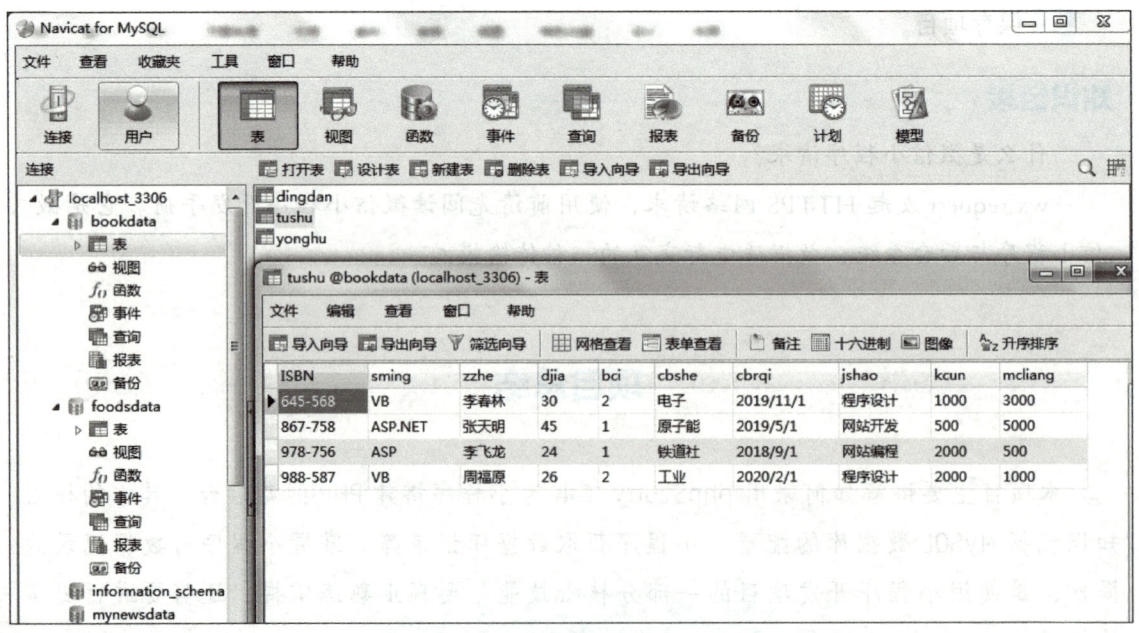

图 7-51　查看数据表 tushu 记录

项目 7　数据库操作

拓展任务 2

使用 Navicat for MySQL 连接 MySQL 数据库服务器，新建数据库 schooldata，并将数据库文件 schooldata.sql 导入数据库中，接着查看数据表 news 及其记录，如图 7-52 和图 7-53 所示。

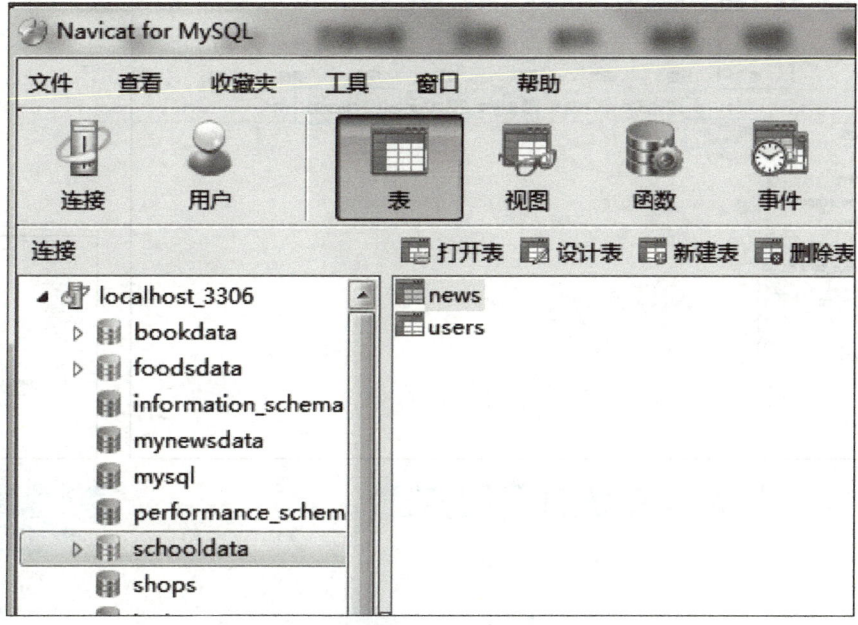

图 7-52　查看数据表 news

图 7-53　查看数据表 news 记录

拓展任务 3

使用 Navicat for MySQL 连接 MySQL 数据库服务器，将数据库 schooldata 中的数据表 news 导出为文本格式，如图 7-54 和图 7-55 所示。

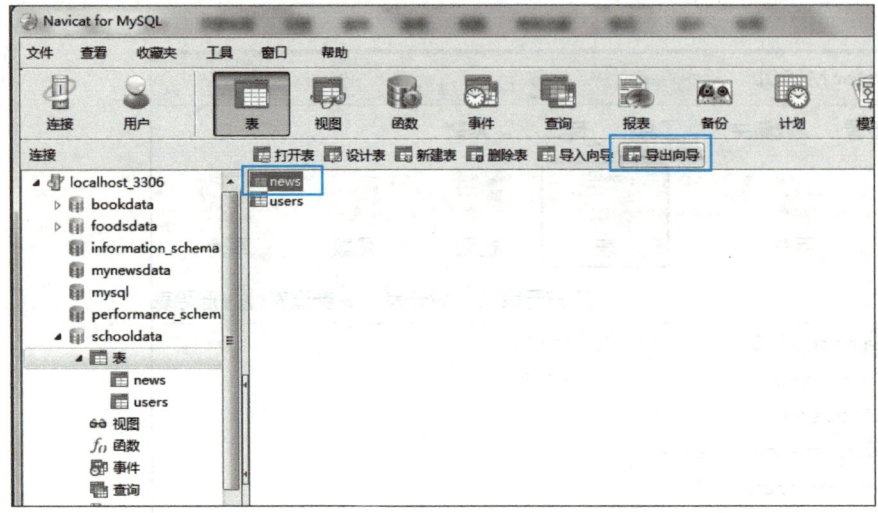

图 7-54 导出数据表 news

图 7-55 导出后的文件

拓展任务 4

1）在 index\controller\index.php 控制器中添加函数 jisuan()，如图 7-56 所示。

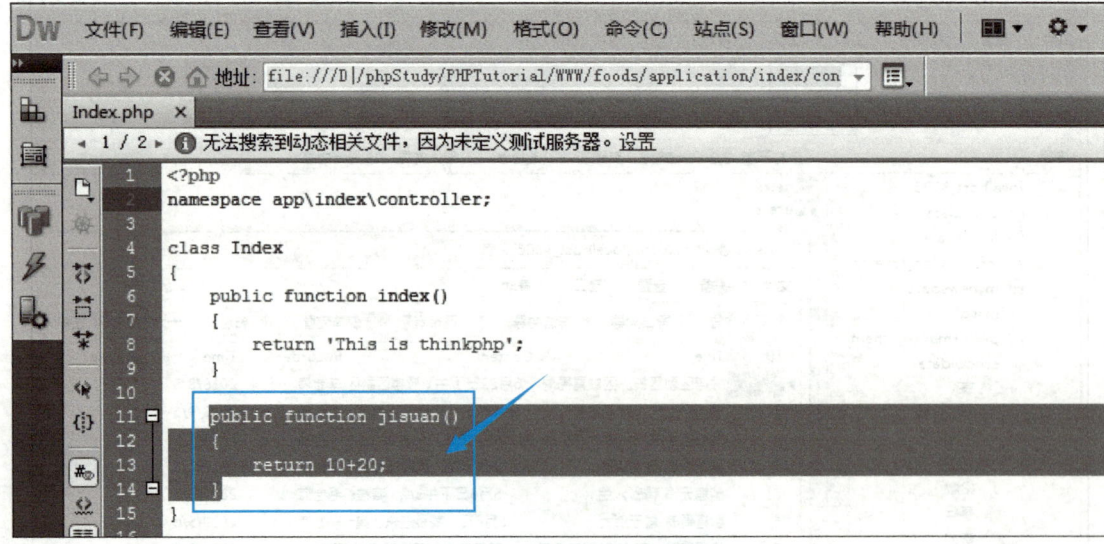

图 7-56 添加函数 jisuan()

2）程序代码如下：

```
public function jisuan()
{
    return 10+20;
}
```

3）输入正确访问 jisuan() 的地址，在浏览器上查看执行情况。在浏览器中输入地址 http://localhost/foods/public/index.php/index/index/jisuan，显示结果如图 7-57 所示。

图 7-57　正确访问 jisuan() 的地址

拓展任务 5

1）在 index\controller\index.php 控制器中添加函数 info()，如图 7-58 所示。

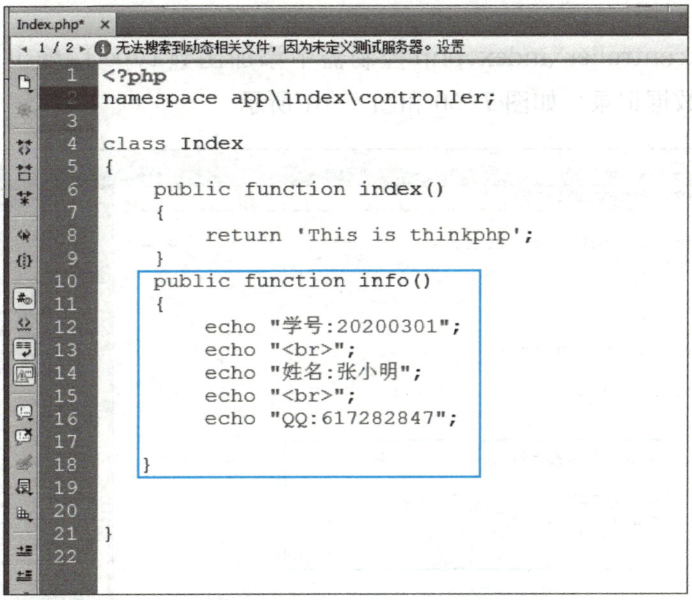

图 7-58　添加函数 info()

2）info() 程序代码如下：

```
public function info()
{
    echo "学号:20200301";
    echo "<br>";
    echo "姓名：张小明";
    echo "<br>";
    echo "QQ:617282847";
}
```

3）输入正确访问 info() 的地址，在浏览器上查看执行情况。在浏览器中输入地址 http://localhost/foods/public/index.php/index/index/info，显示结果如图 7-59 所示。

图 7-59　正确访问 info() 的地址

拓展任务 6

1）在 index\controller\index.php 控制器中添加函数 type()，输出 foodsdata 数据库中数据表 type 的数据记录，如图 7-60 和图 7-61 所示。

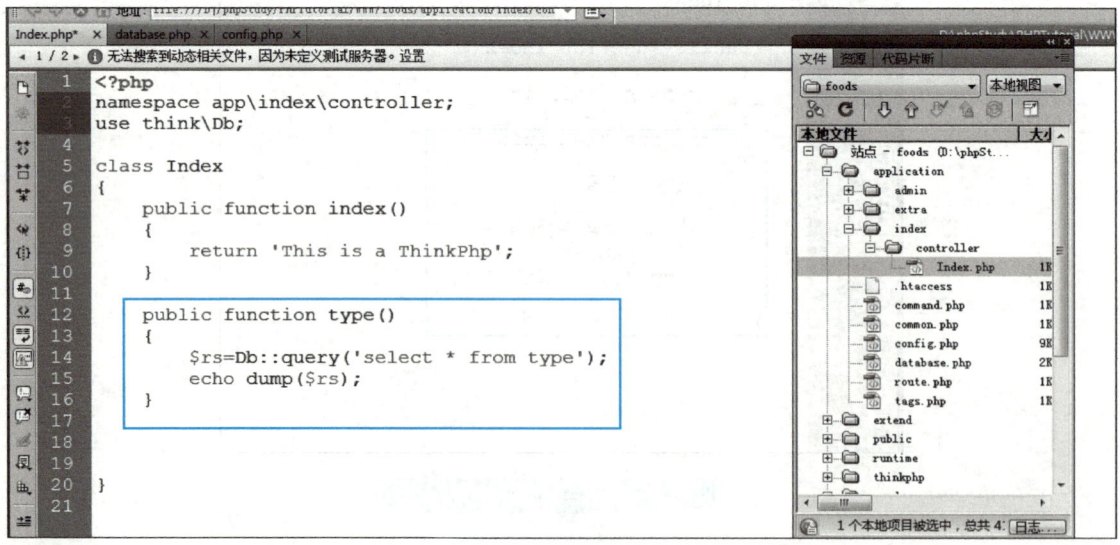

图 7-60　添加函数 type()

项目 7　数据库操作

```
array(5) {
  [0] => array(2) {
    [1] => string(1) "1"
    ["鸡肉类"] => string(9) "鸡肉类"
  }
  [1] => array(2) {
    [1] => string(1) "2"
    ["鸡肉类"] => string(9) "水果类"
  }
  [2] => array(2) {
    [1] => string(1) "3"
    ["鸡肉类"] => string(9) "蔬菜类"
  }
  [3] => array(2) {
    [1] => string(1) "4"
    ["鸡肉类"] => string(9) "小吃类"
  }
  [4] => array(2) {
    [1] => string(1) "5"
    ["鸡肉类"] => string(9) "甜品类"
  }
}
```

图 7-61　输出的结果

2）在 index\controller\index.php 控制器中添加函数 readtype()，数据表 type 中的数据记录读取出来后以 JSON 格式显示，如图 7-62 所示。

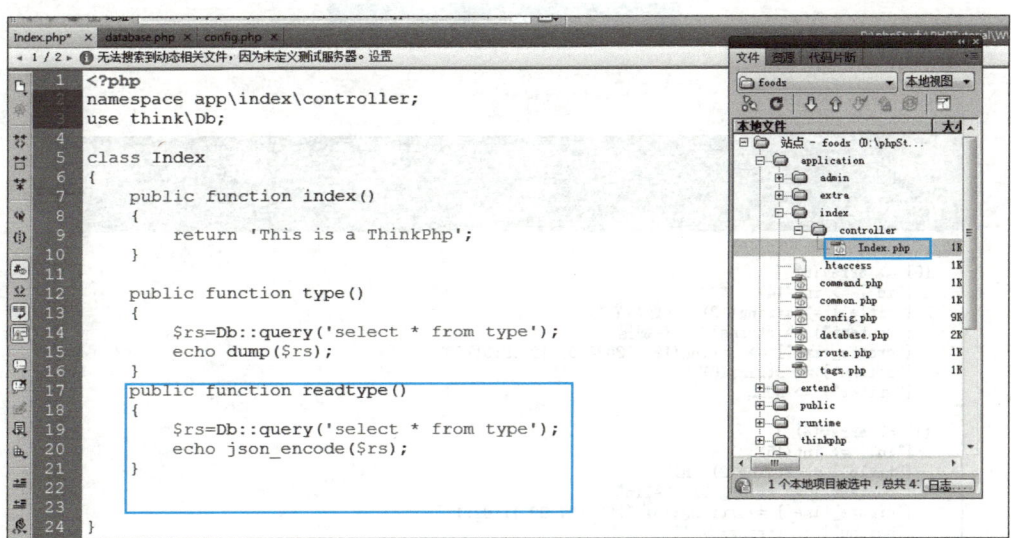

图 7-62　添加函数 readtype()

输出的结果如图 7-63 所示。

图 7-63　输出的结果

拓展任务 7

1) 在 index\controller\index.php 控制器中添加函数 liuyan(),输出 foodsdata 数据库中数据表 shop_mess 的数据记录,如图 7-64 和图 7-65 所示。

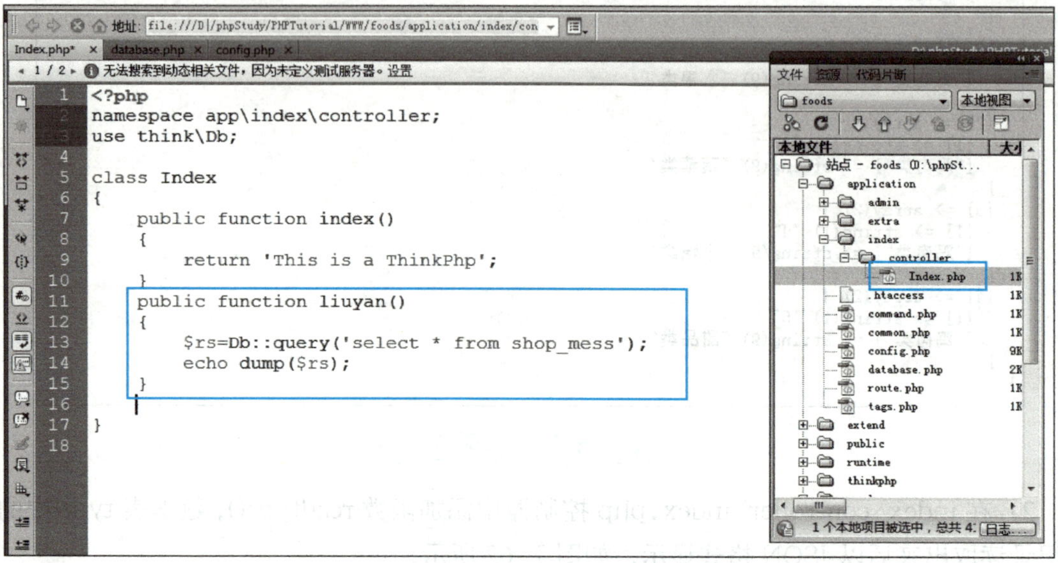

图 7-64 添加函数 liuyan()

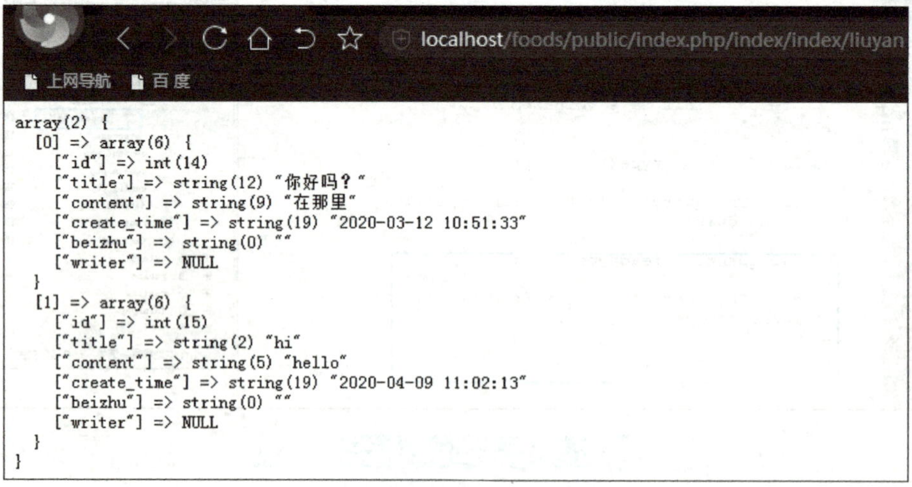

图 7-65 输出的结果

2) 在 index\controller\index.php 控制器中添加函数 liuyanjson(),数据表 shop_mess 中的数据记录读取出来后以 JSON 格式显示,如图 7-66 和图 7-67 所示。

项目 7　数据库操作

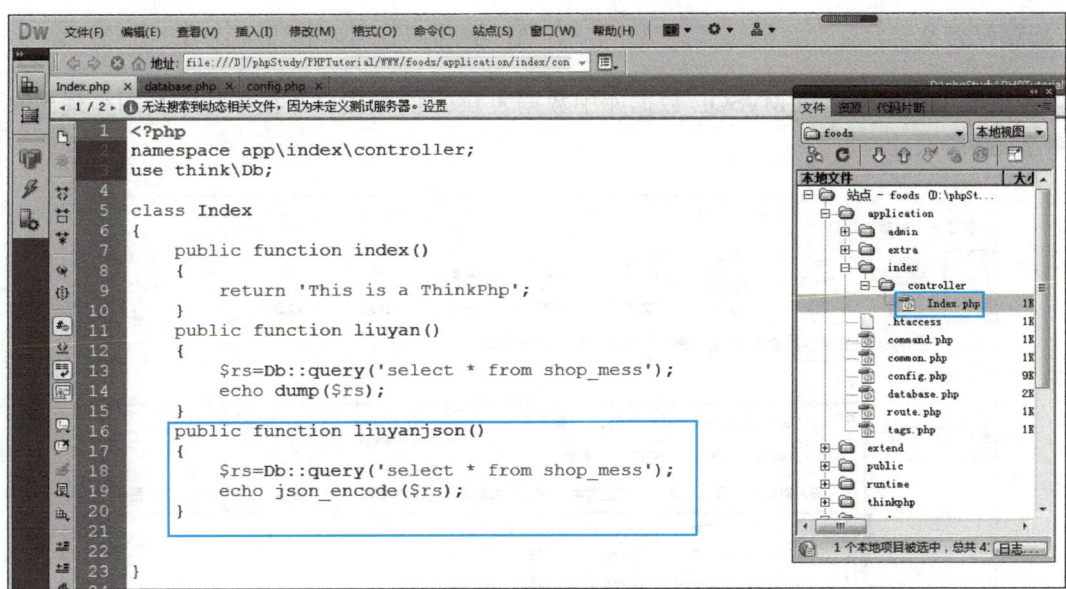

图 7-66　添加函数 liuyanjson()

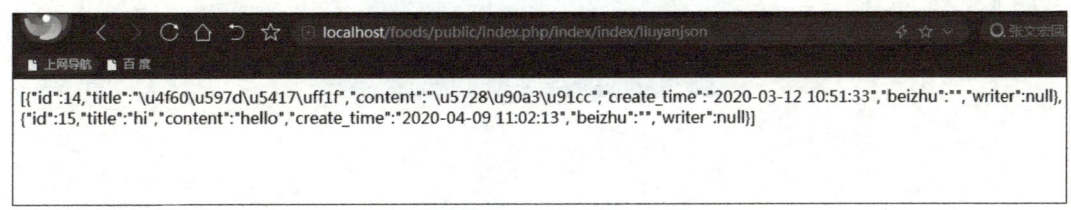

图 7-67　输出的结果

拓展任务 8

在微信小程序中读取 MySQL 数据库中数据表 shop_mess 的数据，并在小程序页面呈现出来，如图 7-68 所示。

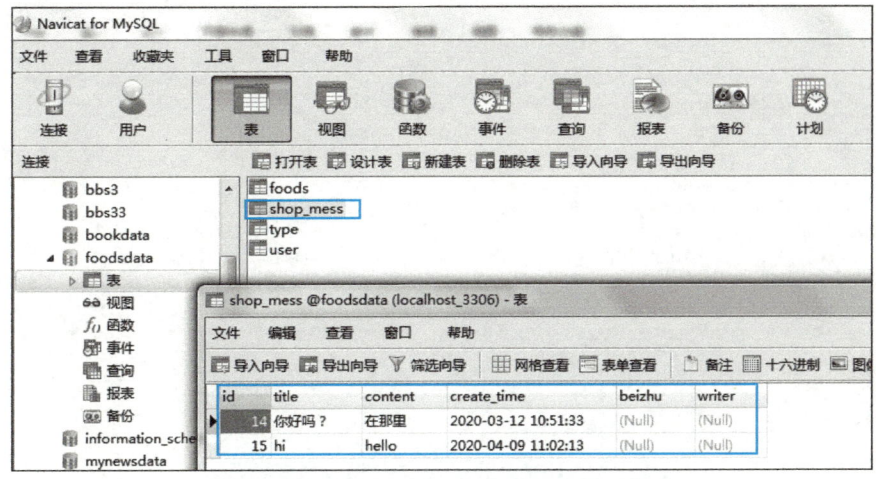

图 7-68　数据表 shop_mess 的数据

拓展任务 9

在微信小程序中读取 MySQL 数据库中数据表 user 的数据，并在小程序页面呈现出来，如图 7-69 所示。

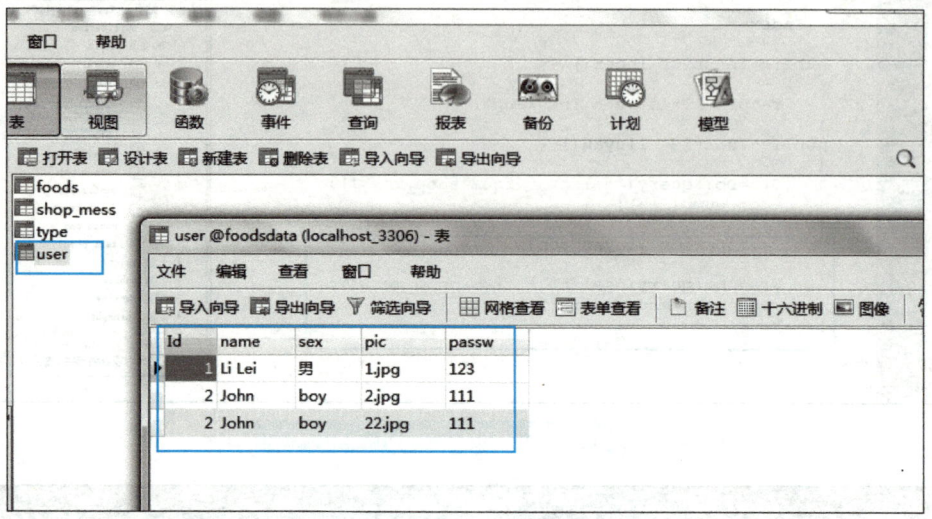

图 7-69 数据表 user 的数据

参 考 文 献

[1] 易伟. 微信小程序快速开发 [M]. 北京：人民邮电出版社，2017.

[2] 雷磊. 微信小程序开发入门与实践 [M]. 北京：清华大学出版社，2017.

[3] 李睿琦，梁博. 微信小程序开发从入门到实战：微课视频版 [M]. 北京：中国水利水电出版社，2020.

[4] 闫小坤. 微信小程序开发详解 [M]. 北京：清华大学出版社，2017.

[5] 刘刚. 微信小程序开发图解案例教程 [M]. 北京：人民邮电出版社，2021.

参考文献

[1] 张丽. 财务报表分析与运用[M]. 北京: 人民邮电出版社, 2017.
[2] 王建. 财务报表分析与应用[M]. 北京: 清华大学出版社, 2019.
[3] 李秀珍, 王芳. 现代企业财务报表分析理论与实务[M]. 北京: 中国经济出版社, 2020.
[4] 刘志远. 财务报表分析[M]. 北京: 科学出版社, 2017.
[5] 陈红. 企业财务报表分析案例研究[J]. 北京: 人民出版社, 2021.